橋の臨床成人病学入門

はじめに

　童謡「ロンドン橋」では「London bridge is falling down, falling down, falling down, ロンドン橋落ちた，落ちた，落ちた…」と歌われている．歌詞にはいくつかのバージョンがあるが，「木と泥で作れ，木と泥じゃあ流れる，煉瓦と漆喰で作れ，煉瓦と漆喰では崩れる，鉄や鋼で作れ，鉄や鋼では曲がる」と続き，「丈夫な石で作れ」で終わっている．橋の建設技術の歴史を感じさせる童謡である．橋の技術は落橋という失敗を経験しながら進化していった．

　ローマ人の水道橋のように2000年経っても当時の姿を保ち，機能を果たし続けているものもある．また，ケベックの橋のように建設途中に，しかも複数回にわたって落ちたケースもある．どうしてそのようなことになるのだろうか，何が違うのだろうか，素朴な疑問である．また，橋梁技術者であれば，もしも自分がかかわった橋が事故を起こしたらどうしよう，である．

　本書では経年が高まることにより生じる損傷を対象とする．いわゆる社会インフラの老朽化問題である．著者はこれを「橋の成人病」と位置づけている．構造物の経年による劣化は，設計，製作，施工，維持管理の結果として生じる現象であり，すなわち，設計，製作，施工，維持管理がきちんとしていればそれほど起きるものではない．

　問題は社会インフラの老朽化についての専門家が極めて少ないことである．土木技術者は新しい構造物や施設の設計や建設への興味が高い．橋梁分野については明石海峡大橋に代表される長大橋への関心が高く，すでに造られた橋の維持管理はなんとなく後ろ向きな仕事に見え，進んで取り組むような対象ではなかった．しかし，インフラの老朽化が社会問題になり，維持管理への関心は高まりつつあり，多くの技術者が維持管理を専門分野と宣言するようになってきた．この分野で長く仕事をしてきた人間にとっては驚きであり，大変ありがたいことである．

　しかし，例えば橋についていえば，橋の誕生から臨終までのすべてを理解しないと，橋の維持管理を理解することは難しい．これは「人間の成人病」と同じであり，成人病は，遺伝子から始まり，誕生の仕方，育ち方，仕事，既往症など，すべての蓄積の結果として生じる．すなわち「橋の成人病」の専門医になるには，橋についての総合的でしかも高度な技術力が必要とされる．

　橋の設計では構造物に作用する外力，材料の強度，構造物とその構造解析のためのモデル，強度解析など，様々な仮定の積み重ねから成り立っており，バーチャルの世界といえる．実際の構造物に発生した事故，失敗はリアルの世界である．なぜ事故が発生したか，その原因はなんであるかがはっきりしない限り，その補修や補強，あるいは予防措置はできない．

　さらに具体的に述べれば，

　　　設計での外力の想定は適切か，

　　　構造モデルは適切か，

　　　部材間の接合の仮定は的確か，

　　　構造計算で求めた応力や変位は実際の挙動とどの程度合致し，どこが異なるのか，

　　　設計の意図どおりに製作され，施工されたのか，

　　　欠陥など不具合は残されていないか，

　　　適切な点検と診断が行われてきたか，

　　　過去の点検や診断の結果は引き継がれているか，

　　　従事した技術者のレベルは，

などなど，いずれも現場を見て学び，それらを蓄積することである．そのようなことから，ここではあえて「臨床」を付け，「臨床成人病学」と呼ぶことにする．もちろんこの分野への理論的なアプローチ，医学での病理学的アプローチもあるであろう．そのような分野の研究や技術の発展は大いに歓迎するところでもある．

　ペトロスキーは，「橋はなぜ落ちたか」[1] の中で，
「設計という概念は設計プロセスの中心となるもので，失敗を避けようと考慮することではじめて設計の成功が成し遂げられる」
と述べている．

　畑村は「続々・実際の設計—失敗に学ぶ—」[2] のはじめに，
「こうやるとうまくゆく，という陽の世界の知識伝達のみが提供されて，こうやるとまずくいく，という陰の知識伝達が提供されていなかったのである」
と述べている．

　いずれも事例研究，臨床研究の重要性を指摘した言葉である．

　本書では，最近の社会問題ともいえる「社会インフラの老朽化」について，

著者が長年の専門としてきた橋を中心に，実際に何が起きているのか，そして，これからこの問題に対してどのように立ち向かっていくのか，講演などのいろいろな機会でお話ししていること，感じていることをまとめた．

第1部では「インフラの老朽化問題」について，今何が問題にされているのか，そして，同様な状況をわが国よりも30年ほど早く迎えた米国の経験について述べる．

第2部では「橋の強度と耐久性を考える」として，橋の長期強度を設計ではどのように考えてきたのか，また，橋に使われる材料の経年劣化現象とはどのようなものかについて概説する．大学での講義内容と近い内容である．

第3部では「事故に学ぶ」として，今までに経験した事故と，そこから得た教訓について述べる．

第4部では「事故を防ぐには」として，経年劣化で最も深刻な疲労問題を取り上げる．

第5部では「これから何をすべきか」として，私見を述べた．

著者は，1981年に米国Lehigh大学のJohn Fisher教授の下で博士研究員を勤めたのがきっかけで，この世界にのめりこんでしまった．Fisher教授には現場の大切さ，自分の目で見ることの大切さを徹底的に教えられた．Fisher教授とは今でも年に1度程度お会いし，最近遭遇した亀裂を話題に盛り上がっている．

幸いにも，著者は東海道新幹線，東名高速，首都高速，一般道など，多くの橋の調査の現場を経験させていただいた．現場での「見たこと，聞いたこと，そして考えたこと」が著者の研究のベースであり推進力でもあった．そのような機会をいただいた皆様，一緒に現場を歩いた同志の皆様に心から感謝申し上げたい．

本来，地味であり陽が当たらないこの分野に対して，多くの技術者や研究者が関心を持つようになるとは，全く予想もしなかったことである．本書がこの分野に関心をもつ多くの方々の参考になれば幸いである．

〔参考文献〕
1）ヘンリー・ペトロスキー著，中島秀人，綾野博之訳：橋はなぜ落ちたのか―設計の失敗学―，朝日選書 686（2001）
2）畑村陽太郎：続々・実際の設計―失敗に学ぶ―，日刊工業新聞社（1996.10）

■目　次　CONTENTS

はじめに………………………………………………………………………… i

第1部　インフラの老朽化問題 …………1

第1章　インフラは老朽化するのか ………………3
1-1　これまでの取組み …………………………………………4
1-2　インフラの性能の経年劣化 ……………………………6
1-3　メンテナンス元年 …………………………………………10

第2章　インフラの宿命 ……………………13
はじめに ………………………………………………………14
2-1　架け替えか修繕か：社会的損失 ……………………16

第3章　米国の経験に学ぶ …………………19
はじめに ………………………………………………………20
3-1　米国でのインフラの荒廃 ………………………………20
3-2　荒廃するアメリカ（America in Ruins）レポート ………22
3-3　ニューヨーク，21世紀への架け橋レポート ………24
3-4　Williamsburg橋：補修か架け替えか（Rehabilitation versus Replacement）………27

第2部　橋の強度と耐久性を考える ………33

第4章　橋の構造設計と寿命 ………………35
4-1　橋の強度設計 ……………………………………………36
4-2　橋の寿命50年説 …………………………………………38
4-3　経年劣化と既存不適格 …………………………………40
4-4　実績としての橋の寿命 …………………………………42
4-5　自然力に対する設計荷重からの考察 ………………43
4-6　本州四国連絡橋の設計での考え方 …………………45

第5章　構造材料の経年劣化現象 …………48
5-1　橋梁部材の破壊モード …………………………………49
5-2　鋼の製造，鉄鉱石から鋼材まで ……………………52
5-3　鋼の基本的な性質 ………………………………………52
5-4　ぜい性破壊と破壊じん性 ………………………………54
5-5　疲　　労 …………………………………………………57
5-6　座屈現象 …………………………………………………61
5-7　腐　　食 …………………………………………………62
5-8　異種金属腐食 ……………………………………………65
5-9　環境誘起破壊 ……………………………………………66

第3部　事故に学ぶ　69

第6章　経年劣化による事故　71
6-1　初期の溶接構造の橋梁の崩壊：ベルギーHasselt橋　72
6-2　鋼プレートガーダー橋の疲労：オーストラリアKing's橋　74
6-3　米国での道路橋の経年劣化認識のきっかけ：米国Point Pleasant橋　75
6-4　米国幹線道路の橋梁の崩壊：米国Mianus橋　78
6-5　ぜい性破壊の例：米国Hoan橋　78
6-6　トラス橋の崩壊：米国ミネアポリスI-35W　80

第7章　国内での大規模疲労対策プログラム　84
7-1　ピン結合鉄道トラス橋　85
7-2　東海道新幹線橋梁の疲労設計と疲労損傷の発生　88
7-3　東海道新幹線のリハビリテーションプログラム　90
7-4　日本の道路橋の疲労　95
7-5　鋼製橋脚隅角部の疲労　96

第4部　事故を防ぐには　103

第8章　溶接構造物の疲労照査の方法　105
8-1　溶接継手部の疲労　106
8-2　公称応力範囲ベースの疲労設計　107
8-3　米国Lehigh大学の大型疲労試験　110
8-4　本州四国連絡橋公団の疲労試験（本四疲労）　112
8-5　その後の日本での疲労設計の流れ　116
8-6　局部応力ベースの疲労照査　116
8-7　理解できない疲労対策　117
8-8　疲労照査のポイント　119

第9章　橋梁に生じる疲労とその分類　121
9-1　分類1：溶接時に残された欠陥を原因とした疲労　122
9-1-1　プレートガーダー橋下フランジ板継ぎ溶接部　124
9-2　分類2：疲労強度の低い構造ディテール，継手の採用　127
9-2-1　連結板貫通タイプの仕口；山添橋　131
9-3　分類3：設計では想定していない力の作用　134
9-3-1　プレートガーダー橋やボックスガーダー橋の支承ソールプレート　136
9-3-2　桁端の切欠き部　136
9-3-3　プレートガーダー橋の主桁と横桁の接合部　138
9-3-4　トラス橋の床組部材　140
9-3-5　上路アーチ橋の垂直材　142

■ 目 次　CONTENTS

9-3-6　鋼床版構造 ……………………………………………… 143
9-4　分類4：構造物の想定外の挙動 ………………………… 146
9-4-1　新幹線橋梁での振動疲労 ……………………… 146
9-4-2　風による振動 …………………………………… 148
9-4-3　路面の交通振動により誘起される振動疲労 …… 151

第10章　道路橋疲労の原因は過積載トラック ………… 152
10-1　活荷重と応力範囲 ……………………………………… 153
10-2　道路橋の設計自動車荷重 ……………………………… 155
10-3　自動車荷重の実態 ……………………………………… 157
10-4　Weigh in Motion (WIM) ……………………………… 159

第11章　腐食および応力腐食割れによる事故 ………… 164
11-1　木曽川大橋 ……………………………………………… 165
11-2　辺野喜橋 ………………………………………………… 168
11-3　新菅橋 …………………………………………………… 170

第5部　これから何をすべきか ……………… 173

第12章　点検と診断の高度化 …………………………… 175
12-1　経年劣化とバスタブカーブ …………………………… 176
12-2　点検における4W1H …………………………………… 178
12-3　点検と診断はチーム作業 ……………………………… 180
12-3-1　事例−1 ………………………………… 181
12-3-2　事例−2 ………………………………… 182

第13章　真の体力を知る新しい技術 …………………… 185
13-1　構造解析：梁理論からFEMへ ………………………… 186
13-2　点検における非破壊検査 ……………………………… 188
13-3　Ｓ Ｉ Ｐ ………………………………………………… 190
13-4　モニタリング …………………………………………… 191

第14章　プラス100年プロジェクトの提案 …………… 198
14-1　なぜプラス100年か …………………………………… 199
14-2　研究と技術開発の必要性 ……………………………… 200
14-3　人材育成は火急の課題 ………………………………… 203
14-4　情報の集約とスマート化 ……………………………… 204
14-5　現代文明の礎を壊さないために ……………………… 205

あとがき ……………………………………………………… 206
索　引 ………………………………………………………… 207

第1部

インフラの老朽化問題

インフラの老朽化は社会問題化している．でも，本当に老朽化しているのだろうか．なぜそのようなことになってしまったのであろうか．

第1章

インフラは老朽化するのか

首都高速道路の都心環状線と1号上野線・6号向島線を接続する江戸橋ジャンクション.
当時の交通量（昭和42年）は約13万台/日，現在の交通量は約97万台/日．そのうち約19万台/日が江戸橋ジャンクションを利用．（首都高速道路㈱提供）

1-1　これまでの取組み

1-2　インフラの性能の経年劣化

1-3　メンテナンス元年

1-1　これまでの取組み

　社会インフラの老朽化に対する関心は高い．急激な関心の高まりのきっかけは2012年12月2日に発生した中央自動車道の笹子トンネルでの天井板落下事故であろう．笹子トンネルでは，コンクリート製の天井板が約130mの区間にわたって落下し，走行中の複数台の車が巻き込まれて死傷者が出た．2013年6月18日に公表された事故調査・検討委員会の事故調査報告書では，施工時からボルトの強度が不足していたことや，ボルトを固定していた接着剤が劣化したことなど，複合的な要因が事故につながったとしている．また，報告書では，計算上では風圧によりボルトに想定以上の荷重がかかっていたとみられること，ボルトの耐久性に関する知識が不足していたこと，12年間，ボルトの状態を確認していなかったことなど，管理体制にも不十分な点があったとしている．

　社会インフラの経年劣化の認識とそれへの対応は笹子トンネルの事故から始まったのではない．例えば1964年開通の東海道新幹線では，1990年代に入って構造物の経年劣化が目立つようになってきたことから，2002年より15年間の計画，特別立法により，大規模改修を目的としての引当金の積立てを開始している．2013年1月には，構造物の延命化を行うための技術が確立されたなど，大規模改修の準備が完了したとの判断から，15年間の積立てを10年間に変更し，大規模改修を開始している．改修を目的としての財源計画と技術開発を進めた良い事例といえよう．

　道路構造物についても1990年代に入って鋼橋での疲労や腐食，コンクリート構造での中性化や塩害やアルカリ骨材反応などの問題が顕在化し，維持管理に関心がもたれるようになった．

　1997年には日本道路協会から，1995年までに道路橋に発生した疲労損傷をまとめた「鋼橋の疲労」が出版された．

　2003年には建設省（現国土交通省）に「道路構造物の今後の管理・更新のあり方に関する検討委員会（あり方委員会）」が設置された．そこでは道路を資産としてとらえ，道路構造物の状態を客観的に把握・評価して中長期的な資産の状態を予測するとともに，予算制約のもとで「いつどのような対策をどこが行うの

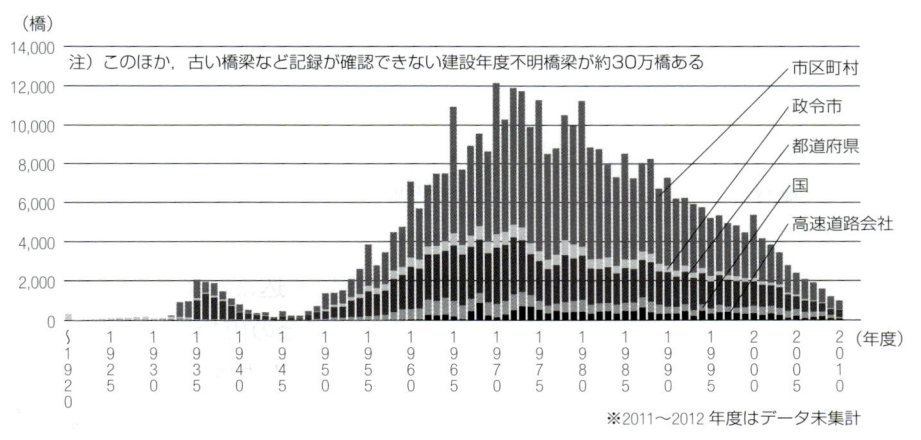

図-1.1 道路橋の建設年度別施設数（国土交通省公表データ）

が最適であるか」を決定できる総合的なマネージメントシステムの構築が必要であるとの最終答申を提出している．さらに，2008年には「道路橋の予防保全に向けた有識者会議（有識者会議）」より，予防保全についての基本方針が出されている．具体的には，点検の制度化，保全の制度化，技術開発の推進，技術拠点の整備，データベースの構築と活用が提案されている．

　そのような動きにメディアも様々な報道をしてきている．例えば2010年6月16日の日経新聞の記事では，

　「高度成長期に集中的に整備した橋やダムなどの社会資本の多くが今後20年間のうちに建設から50年を経過し，それらが老朽化して維持管理・更新が大変になる．国土交通省の試算では，2060年までの50年間で更新費は190兆円に達し，このままいくと2037年度には新規事業の財源がゼロになる．そして戦略的な維持管理を進め，社会資本の寿命を延ばす必要がある」

と報じている．道路橋の建設の最も多かったのが1970年から1975年の間であり（図-1.1），この塊が経年50年に届き始めるということである．寿命を50年とすれば確かにこのような計算の結果が出てくるのであろう．「そうではないだろう，そのようにはしたくない」が，著者の強い思いである．

　平成25年（2013年）1月15日に公表された首都高速道路構造物の大規模更新のあり方に関する調査研究委員会の報告書では，首都高速道路の現状を次のように報告している．

第1章 インフラは老朽化するのか

5

「過酷な使用状況による損傷は年々増加する一方で，高架橋約240km，約12,000径間のうち，これまでに補修を必要とする構造的損傷が発見された径間は約3,500径間（約30%）である．そのうち，疲労亀裂が発生した鋼桁は約2,400径間，鋼床版は約500径間，RC床版およびPC・RC桁のひび割れは，約1,300径間である．これは過酷な使用状況にあることと，特に鋼部材では，平成14年まで疲労を考慮した設計をしていないことに起因しているものと考えられる．首都高速道路構造物は，現在実施している補修により当面の安全性は確保できるものの，長期にわたって健全に保つための補修費用は将来，飛躍的に増大していくことが予想される」

東日本高速道路㈱，中日本高速道路㈱，西日本高速道路㈱（NEXCO 3社）も平成26年（2014年）1月22日に，大規模更新・大規模修繕の計画を公表している．

そこでは「供用延長9,000kmのうち，供用から30年経過した延長が約4割，橋梁やトンネルなどの構造物についても，30年以上経過している延長が橋梁で約4割，トンネルで約2割と，老朽化が進展している」としている．そのうち，大規模更新は橋梁の床版の取替えが約230kmでその事業費が約1兆6,500億円，桁の取替えが約10kmで事業費が約1,000億円とされている．

なぜこのようなことになったのであろうか．それらのインフラを整備したときの計画では，どの程度の供用期間を想定していたのであろうか．また，そもそも構造物の設計では経年劣化をどのように想定したのであろうか．もしも将来の取替えを想定していたのであれば，そのやり方は，そして財源はどのように考えていたのであろうか．当然浮かんでくる疑問である．

道路橋示方書などを見る限り，構造物が経年劣化し，取り替えなければならないような事態は，想定していなかったのではなかろうか．このあたりは本書の主題の一つである．

1-2 インフラの性能の経年劣化

ところで社会インフラの性能は，経年により本当に劣化する，あるいは老朽化するのだろうか．ローマ人が建設した石造のアーチ橋（**図-1.2**）は，2000

図-1.2 ローマ人により建設されたスペイン・セゴビアの水道橋
紀元1世紀頃の完成．長さ813m，高さ28.5m．18km離れた水源の水を
セゴビアの町に運んだ．19世紀まで使われていた．

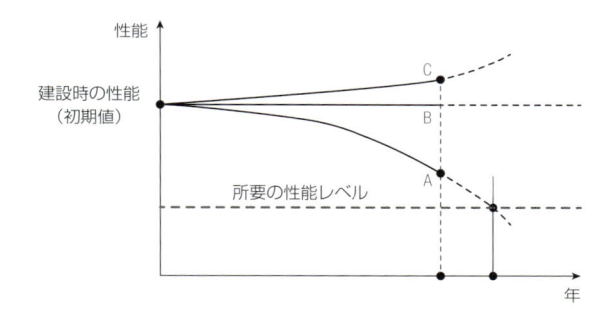

図-1.3 社会インフラの経年劣化

年経ってもその姿を誇っているではないか．しばしば聞かれることであるが，今の橋とローマ人の橋とで，何が違うのであろうか．

　一方，コンピュータでは5年程度，自動車では10年程度で，「ボチボチ寿命かな，買替えかな」となり，そのための財源を確保することになるが，インフラではどうであろうか．**第4章**で「橋の強度と寿命」について述べるが，そもそも社会インフラについては経年により性能が劣化することは想定しておらず，したがって耐用年数もあいまいであったのではと感じる．

　構造物などの性能の経年に対する変化を模式的に描くと**図-1.3**のようになる．性能としては，本体構造の強度などにかかわる物理的な性能と，車の走行や歩行者の安全などにかかわる機能的な性能に分けられるが，ここでは前者について考えることとする．

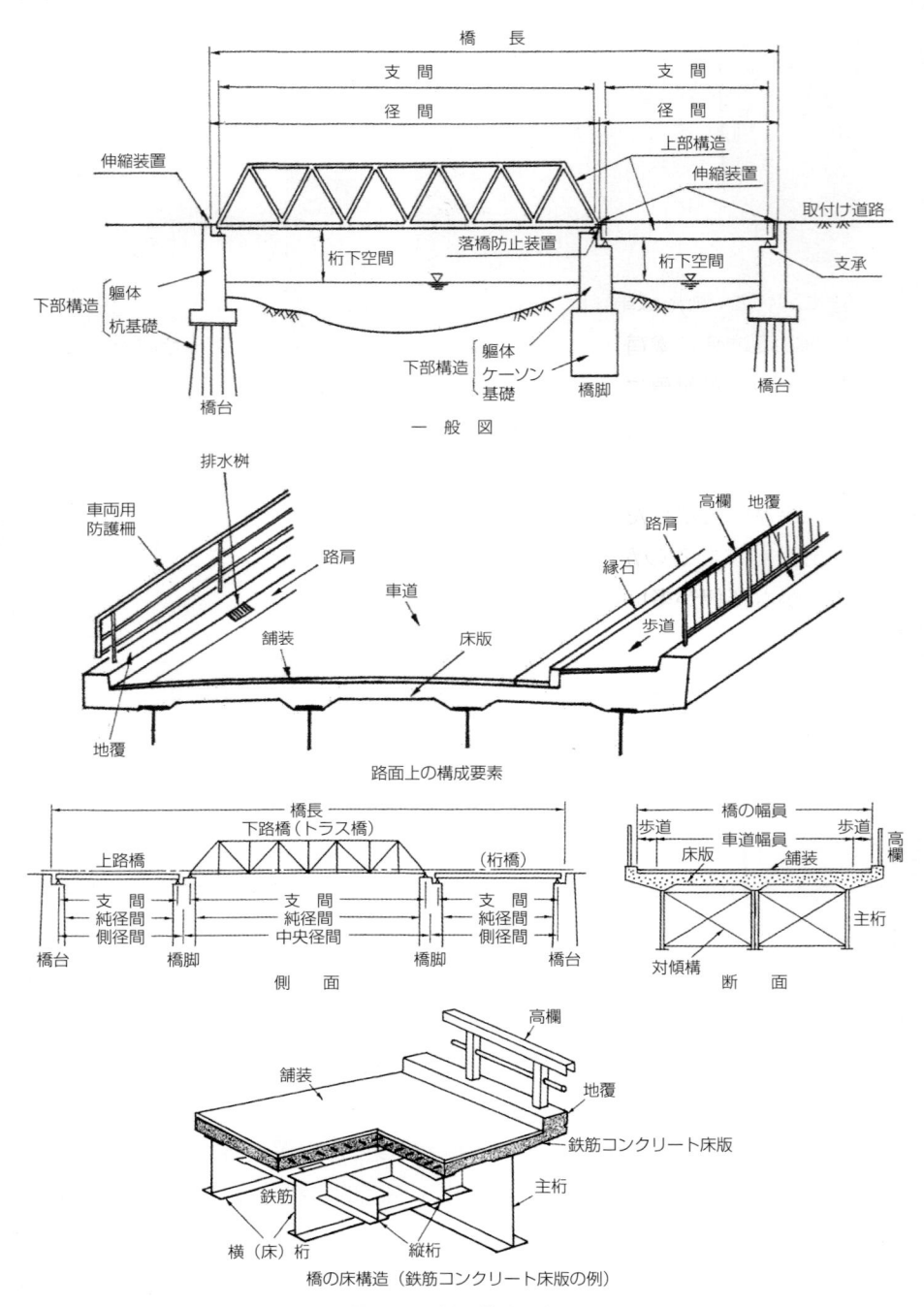

図-1.4　橋の構造と名称

　通常，社会インフラの完成時の性能は，所要性能よりもかなり高い．どの程度の余裕をもって造られるかについては**第5章**でふれる．曲線Aは経年により徐々に性能が劣化する，すなわち老朽化が進むことを示している．この場合，所要性能を割ることがないように点検し，診断し，補修や補強などの措置をすることが求められる．これがメンテナンスである．直線Bはインフラの性能は経年に対して劣化しないことを示している．この場合のメンテナンスとしては，偶発的に起こる，例えば車が高欄（**図-1.4**）にぶつかって壊したなどの損傷や，鋼橋における塗装の塗替え，舗装の取替えなど，設計時に消耗品的に想定されていたことのみが対象になる．曲線Cは，経年により性能，強度が向上することを示している．例えば，コンクリートそのものは永久にもつ材料とされ，経年により強度は向上するとされてきた＊．また，盛土などの土構造物では，経年により徐々に安定した構造物になっていくと考えられている．

　ここで議論になるのが道路橋の床版＊＊である．すなわち，床版の大部分を占め，しかも損傷が多い鉄筋コンクリート製の床版（RC床版）は，主桁などと同様に永久構造物と考えるか，それともある程度の経年で取り替える部材と考えるかである．米国などでは設計時からRC床版の耐用年数を30年とし，取替えを想定した構造形式を採用することが多い．

　メンテナンスで最も重要であり，かつ必須なアクションが点検と，それに基

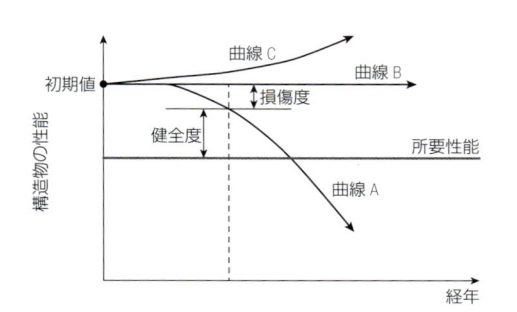

図-1.5　構造物の健全度と損傷度

＊1897年に着工された小樽港築港工事では，指導に当たった廣井勇博士により100年分の供試体が作られ，強度の経年変化が確認されている．海水中に置かれた供試体の強度は30年ごろまでは向上した後に安定しており，100年後においてもほぼ建設時の強度を確保している．
＊＊道路橋の床版には鉄筋コンクリート製（RC床版），プレストレストコンクリート製（PC床版）および鋼製（鋼床版）がある．

づいた評価・診断である．個々の構造体がどの程度の性能を有し，それが所要の性能に対してどの程度の余裕を有しているのか（健全度），建設時に比べてどの程度性能が低下しているのか（損傷度）の評価である（図-1.5）．損傷が進んでいると診断された場合，その性能を適切なレベルまで戻す必要があるが（補修），それにかかる費用と効果を見定めて，その実施時期を決めなければならない．構造体の健全度の状態がその後の経年でどのように変わるのかもメンテナンス上，極めて重要な情報であり，それは一度の点検と診断では難しいといえる．

1-3　メンテナンス元年

2013年3月，太田昭宏国土交通大臣は「今年はメンテナンス元年」と宣言した．
「老朽化対策に関して言えば，道路の橋は全国に約70万橋あるが（表-1.1），1965年〜80年が建設のピーク．橋の年間の建設数は，今は1,000程度だが，ピーク時には毎年1万もの橋が建設されていた．建設後50年を超える橋の割合を見ても，現在は16%だが20年後には約65%になり，これからメンテナンスのピークの山を迎えることになる（図-1.1）．この山を乗り越えていくためには，点検や修繕を効率的に行い，長寿命化を図りながら，ピークを平準化していかなければならない．点検から修繕に至る工程の中で，技術革新を図り，かかる費用を押さえ込むことが重要だ」
と述べている．

表-1.1　道路橋の数（土木研究所構造物メンテナンス研究センターHPより）

	道路管理者	道路延長（km）	橋梁数（15m以上）
高速自動車国道	国 高速道路会社	7,920 (0.7%)	6,991 (4.4%)
一般国道 指定区間	国	23,205 (1.9%)	12,608 (7.9%)
一般国道 指定外区間	都道府県	31,909 (2.6%)	13,416 (8.4%)
都道府県道	都道府県	129,343 (10.7%)	34,239 (21.5%)
市町村道	市町村	1,020,286 (84.1%)	91,643 (57.7%)

　2013年5月には社会資本整備審議会道路部会道路メンテナンス技術小委員会からの中間答申としての「道路のメンテナンスサイクルの構築に向けて」が発表された．さらに，2013年6月5日には「道路法等の一部を改正する法律」が公布された．その内容には，

　　「道路の老朽化や大規模な災害の発生の可能性等を踏まえた道路の適正な管理を図るため，予防保全の観点も踏まえて道路の点検を行うべきことを明確化するとともに，・・」

とある．その背景として，高度経済成長期に集中的に整備された道路の老朽化の進行を挙げている．まさに維持管理が法的な根拠のもとで義務化されたといえよう．

　そして2014年5月には基本政策部会からの「最後の警告，道路橋の老朽化対策の本格的実施」が発表された．道路構造物の老朽化対策への取組み体制は一気に進んだ．点検での具体的なアクションとしては，「5年に1度，高い技術を有する者による，近接目視」とし，統一的な尺度で道路インフラを検診することを規定している．さらには，点検と診断の結果の見える化と情報共有，国と地方公共団体が連携すること，劣化の大きな原因であった重量制限違反車両の取締まりの強化なども求めている．まさに，最後の警告と謳っているように，産学官のリソースをすべて投入しての総力戦である．

　このような一連のこれからのメンテナンスの流れで一貫している考え方は，従来の，道路の劣化が進行してから修繕を行う「事後対応型，対症療法型」から，構造物の点検を定期的に行い，損傷が軽微なうちに修繕などの対策を講じる「予防保全型」への転換である．

　2014年6月には国土交通省道路局から「道路橋定期点検要領」が公表された．すべての橋梁がこの点検要領に基づいて点検を行うことになる．新しい点検要領では，構造物の健全度を「Ⅰ：健全」，「Ⅱ：予防保全段階」，「Ⅲ：早期措置段階」，「Ⅳ：緊急措置段階」の4段階で評価するが，予防保全の目指すところは段階Ⅳまで行く前に修繕してしまおう，段階Ⅱで措置したい，である．これが実現できれば構造物の維持にかかわる経費はドラスティックに縮減できる．

　社会インフラの老朽化について，一気に社会の関心が高まり，また，それを受けて今までなかなか進まなかった対策が急速に進み始めたといえる．しかし，

第1章　インフラは老朽化するのか

今までほとんど関心が払われなかったことから，研究者は限られており，技術的な蓄積も低い．最も厳しい事実は，習熟した点検技術者の数が限られていることである．すべてがゼロからのスタートであり，しかも「今しかない」と考えている．

〔参考文献〕
日本道路協会：鋼橋の疲労（1997.5）

第2章

インフラの宿命

首都高速道路都心環状線 竹橋付近
疲労損傷が生じた鋼製橋脚および桁の補強工事中．2003年撮影

は じ め に

2-1　架け替えか修繕か：社会的損失

は じ め に

橋を含むインフラは，その健全性や安全性を考えるうえで，自動車やテレビやコンピュータなどに比べて大きな特徴があり，しかもそれは宿命的ともいえる．

その**第1**は自然の中に建設され，地震，台風，洪水といった自然力に対して耐えなければならないことである．そのため，橋やダムといった同じ種類の土木構造物でも，それぞれの構造体で地形や地盤や気象などが異なり，したがって受ける自然力も異なってくる．また，列車や自動車などの人工的な外力にも地域性が出てくる．言い換えれば，それぞれの構造物ごとに個性があり，安全性や健全性を考えるうえで，構造物の個性について十分注意すべきである．すなわち，ある構造物に何らかの変状が発生したときに，それがその構造物について一般的か，あるいは変状の生じた構造物で固有のものなのかが重要なポイントとなる．

その**第2**は，社会インフラは需要の高い順序に整備されることである．これは技術的な経験の乏しい順序であり，使用条件の厳しい順序とも一致する．しかも社会インフラの整備が進んだ1960年代のわが国の経済状況も重要である．

1964年に開通した東海道新幹線の構造物の設計においては，standard，simple，smartの3Sが掲げられた（**図-2.1**）[1]．東海道新幹線は1959年に

図-2.1　東海道新幹線富士川橋梁

着工され，5年間で開通している．限られた予算と時間内に完成させなければならない状況では3Sは当然の選択であり，見事としか表現できない技術判断である．

その中でも溶接構造に一気にシフトしたことは，鋼橋技術にとってのイノベーションである．1955年に飯田線の天竜川橋梁の3径間連続トラスにおいて全溶接トラス橋を採用し，その設計，製作，架設技術が新幹線のトラス橋のベースになった．当時より，溶接構造にすると疲労に対する影響因子が複雑なので，慎重に検討され，欧米のデータや示方書などを参考にするとともに，国鉄独自の検討が行われていた．しかし，溶接構造の抱える疲労問題の厳しさは，それらをはるかに超えるレベルであったといえる．ただし，これはわが国に限ったことではない．欧米でも溶接構造の疲労の研究が進むに伴って，疲労設計はどんどん厳しい方向に改訂されている．

第3の宿命は規模が大きいことである．東名高速道路，東海道新幹線などでは，それらの長い延長上の1つの構造物が壊れても，そのシステムとしての機能に大きな支障をきたすことになる．近い将来起きるといわれている東海地震に対しても，いわゆる直列システムとして耐えなければならない．また，高速道路，鉄道などではその線形が重要であり，たとえ地盤が悪いことが分かっていても，その上に設置しなければならない．技術的にはチャレンジングであるが，被災する可能性も高いといえる．

第4に，土木構造物の供用期間は非常に長いことであり，経年が進むことは事故が起きることと強く関係している．例えばテレビや車では10年経って不具合が出たら，「ああ寿命がきたか」で廃棄する．橋ではどうであろうか．50年経ったから取り替えるなどといった発想はない．東海道新幹線で開業時のまま使い続けているのは土木構造物のみである．ニューヨークの象徴ともいえるBrooklyn橋では，設計時に想定した上載荷重は馬車とケーブルカーである．**次章**で述べるように，1981年の事故を受けての大規模修繕により，プラス100年の寿命を付加されている．

社会基盤施設，インフラは，それが存在することを前提として社会が成り立っており，誰もあのように頑丈そうに見える構造物が，毎日の使用によって寿命をすり減らしているなどとは思わない．すなわち，土木構造物は一度建設されると，社会的な役割がなくなるまで健全に機能を果たし続けることが当然と思

われており，これも宿命といえる．

2-1　架け替えか修繕か：社会的損失

　橋に損傷が発見されると，車線規制する，速度制限する，重量制限する，通行止めする，などの措置が必要となるが，それらはすべて社会的な損失につながる．社会的な損失としては走行時間の変化からくる損失，走行にかかる費用の差からくる損失，交通事故に関する損失，大気汚染，騒音，地球温暖化などの環境に与える影響の変化から生じる損失などが考えられる．それらのほとんどについては土木計画や交通計画分野の研究成果に基づく貨幣評価原単位の値を用いて表すことができ，社会的損失はある程度の精度で算出することが可能である．

　2005年に設けられた首都高速道路構造物の大規模改築のあり方に関する調査研究委員会[2]では，通行止めに伴う社会的損失を含んだ大規模改築の費用が試算された．1号羽田線東品川RC桟橋構造の1,240m区間と，3号渋谷線三軒茶屋の鋼単純桁橋350mを対象としている（**図-2.2**）．東品川では海上部であることから現橋の脇にコンクリート構造で新設して切り替えることが可能なため，通行止め日数は10日となる．三軒茶屋では現橋を取り除き，同一位置に鋼桁とRC橋脚で架け替える必要があるため，通行止め日数は180日となる．**表-2.1**は試算の結果である[2]．東品川では新設橋を現橋の脇に建設す

(a) 東品川（首都高速道路㈱提供）　　　　　　(b) 三軒茶屋交差点

図-2.2　架け替え検討の対象

表-2.1　架け替えと補修・補強費用の試算結果（委員会報告より[2]）

● 1号羽田線（東品川）　　　　　　　　　　　　　　　　　（億円）

	現在価値換算前		現在価値換算後	
	架け替え	補修・補強	架け替え	補修・補強
工事費	300	380	130	150
料金収入減	3	0	1	0
社会的費用	30	80	10	50
総費用	330	460	140	200

架け替え更新＜補修・補強 であり，架け替え更新が総費用では優位

● 3号渋谷線（三軒茶屋）　　　　　　　　　　　　　　　　（億円）

	現在価値換算前		現在価値換算後	
	架け替え	補修・補強	架け替え	補修・補強
工事費	160	60	70	30
料金収入減	310	0	150	0
社会的費用	2,340	360	1,070	240
総費用	2,810	420	1,290	270

架け替え更新＞補修・補強 であり，補修・補強が総費用では優位

ることが可能という，首都高速道路では極めて珍しい状況のために架け替えが優位になる．しかし，三軒茶屋では架け替えの工事費が70億円，社会的費用（損失）が1,070億円となる．費用的にみても，架け替えの選択は極めて難しい．多くの都市内道路では三軒茶屋と同様な状況と考えられる．

　2013年に行われた首都高速道路の大規模更新の検討においても，対象とする区間と構造物ごとに社会的損失が算出され，更新か，修繕かの決定の参考にされた．首都高速道路のような道路では，車が流入流出できるランプ間で評価する必要があり，社会的損失の額は大きくなる．

　一般道路においても構造物の直接的な工事費のみの比較だけでは，取替えか修繕かの決定は難しい．橋は道路や鉄道の一部であり，橋は道路ネットワークのハブのような役割を果たしている．都市部では道路の周りに家並みが迫っているため，今の橋と同じ位置に橋を造るには今の橋を取り壊す必要があり長期間にわたるサービスの停止が避けられない．橋の位置をずらすためにはその周辺の家屋などの立退きが必要となる．

　東京のように高密度化した都市においては，インフラは3次元的な構造となってくる．例えば**図-2.3**は東京の三軒茶屋の交差点の断面である．この橋脚には疲労問題が発生しており，比較的軽微な状況で発見されたため局部的な

第2章　インフラの宿命

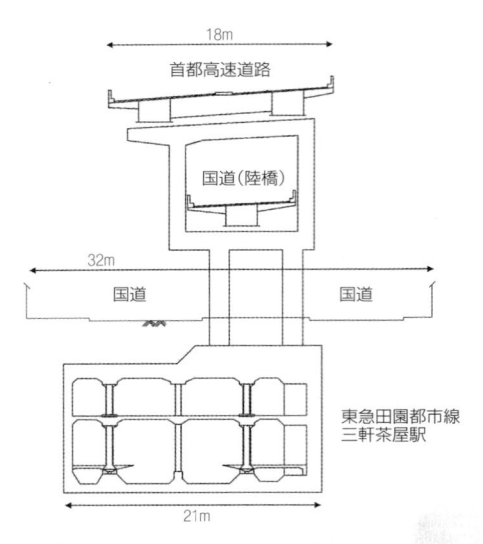

図-2.3　国道246号 三軒茶屋付近の断面

補強ですますことができた．しかし，もしもこの高架構造を作り替えるとすれば，高架構造が支えている首都高速道路3号線，国道246号に加えて地上部の国道246号，そこから分岐している都道世田谷街道，さらには基礎構造が一体化している東急田園都市線まで影響が及ぶ．首都高速道路3号線は東名高速道路につながっており，もしもそれを止めるような事態になると，首都圏は麻痺するであろう．

〔参 考 文 献〕
1）仁杉巌ほか：語り継ぐ鉄橋の技術，鹿島出版会（2008.12）
2）首都高速道路公団:首都高速道路構造物の大規模改築のあり方に関する調査研究委員会（2005.9）

第3章

米国の経験に学ぶ

Huey P. Long 橋.
1935年開通．全長7.9kmのトラス橋．中央部（トラス内側）
が鉄道，両サイド（ブラケット部）が2車線の道路．橋脚とト
ラスを補強し，両側3車線とし，交通容量を5万台から7万台
にした．

は じ め に

3-1　米国でのインフラの荒廃

3-2　荒廃するアメリカ（America in Ruins）レポート

3-3　ニューヨーク，21世紀への架け橋レポート

3-4　Williamsburg橋：補修か架け替えか
　　　　　　　（Rehabilitation versus Replacement）

はじめに

　インフラの整備が日本より先行した米国での出来事は学ぶべきことが多い．インフラの整備とその荒廃は日本の約30年前を進んでいる．しかし，疲労にかかわる損傷の進行速度は日本のほうが早いようである．本章では当時の3つのレポートを紹介する．

3-1　米国でのインフラの荒廃

　米国ではニューディール政策によって，1930年代に多くのインフラを整備した．道路橋梁でみると，31年から35年の5年間に2万2千橋，35年から40年に3万橋もの橋梁が建設された．それが1970年代に入って急速に劣化が生じ始めた．わが国に比べて，30年から40年程度早いといえよう（**図-3.1**）．

　米国で道路等の社会基盤が荒廃していることの認識が広まったのは**6章**で述べる1967年のPoint Pleasant橋の落橋がきっかけである（**図-3.2**）．この事故を契機として，橋梁の損傷についての全国調査が実施され，多くの橋梁での疲労や腐食の発生が報告されている．また，破壊制御を目的として，全国の

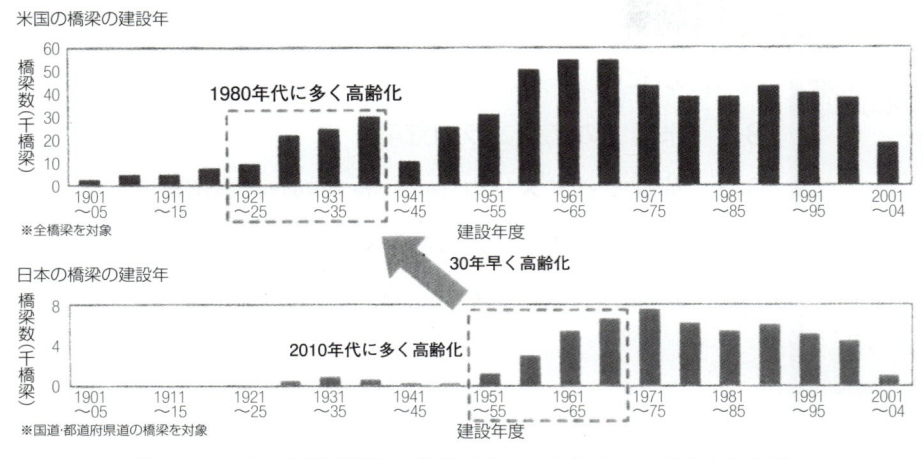

図-3.1　日米の橋梁 建設年の比較（出典：平成18年度 国土交通白書）

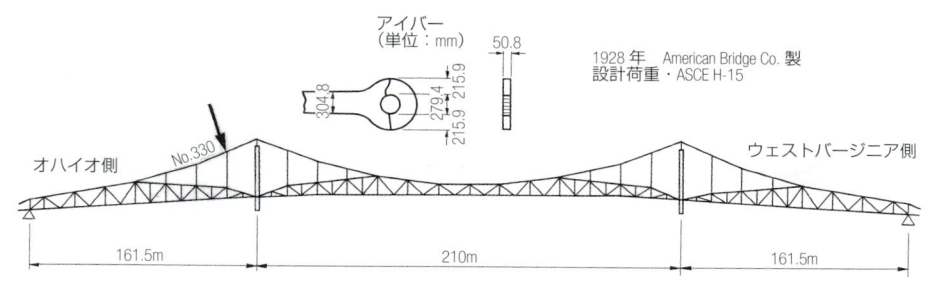

アイバー
（単位：mm）

50.8

1928年 American Bridge Co. 製
設計荷重・ASCE H-15

オハイオ側　　No.330　　　　　　　　　　　　　　　　　　　　ウェストバージニア側

161.5m　　　　　　　　　210m　　　　　　　　　161.5m

図-3.2 Point Pleasant橋（シルバー橋）
（1928年完成，1967年12月15日崩壊）

図-3.3 アメリカ，コネチカット州ニューヘブンのクニピアック橋
Lehigh大学のグループによる点検およびひずみ測定

第3章

米国の経験に学ぶ

最低温度の設定と鋼材の破壊じん性値規定の見直し，疲労設計の改定，橋梁の
点検のマニュアル，点検技術者の資格制度などが連邦政府道路局（FHWA）の
主導により実施された．メンテナンスでの具体的なアクションとしては，すべ
ての橋梁に2年に1度の点検を実施すること，点検は資格を有する技術者によ
ること，統一された方法で点検結果を評価することなどである．

　著者は1981年に米国Lehigh大学で博士研究員を務めたが，全米から橋梁

図-3.4　ニューヨークの象徴，Brooklyn橋
1883年完成，支間486m

の疲労の調査が殺到し，著者も夏休みの期間のほとんどを橋の調査で過ごした
ことを覚えている（**図-3.3**）．Lehigh大学滞在中に起きたニューヨークの象
徴であるBrooklyn橋の事故も驚きであった（**図-3.4**）．橋梁の主塔から斜め
に張られているワイヤーが突然切断し，それがたまたま歩道にいた人間の頭を
直撃する事故が起きた．著者の英語理解力と記憶が正しければ，犠牲者は日本
人カメラマンである．主塔から斜めに張られていたケーブルの腐食が原因と報
告されている．その後，このBrooklyn橋は全面的なリハビリテーションが実
施され，健全な姿に戻っている．

3-2　荒廃するアメリカ（America in Ruins）レポート

　米国でのインフラの荒廃と社会活動，経済活動への影響，行政面の問題を指
摘した1983年発行の「America in Ruins-The Decaying Infrastructure」
（**図-3.5**）[1] は日本語にも翻訳されており，今でもしばしば引用される．著者
のPat Choate氏と Susan Walter氏は連邦政府や州政府の計画や政策部門
で働いてきた経済学の専門家である．その報告書の書出しは次のようになる．

「アメリカのインフラはそれらを更新するよりも早い速度で使い古されている．厳しい予算の状況とインフレーションは国の経済を回復させるのに不可欠である社会資本のメンテナンスをも遅らせることになっている．壊れかかったインフラの取替えは延期され，続けている．新規の建設はキャンセルされている」

America in Ruins では道路のみではなく，港湾，上水道，河川の汚染，監獄，ダムなどの老朽化について述べている．具体的には，ニューヨークについては約 1,000 の橋，6,200 マイル（9,920 キロ，1 マイルは約 1.6 キロ）の舗装，6,000 マイル（ほぼ 9,600 キロ）の下水道などの基本的な社会資本施設の補修，維持更新に今後 9 年間に 4 兆円（40B$）の投資が必要であるが，ニューヨーク市は年間 1,400 億円（1.4B$）のみしか投資できないとしている．

道路および橋梁についてはさらに次のような具体的な指摘をしている．まだ完成していない 42,500 マイル（6 万 8,000 キロ）の高速道路（Interstate Highway）はすでに老朽化が始まっており，毎年 2,000 マイル（3,200 キロ）ずつの更新が必要となっている．その理由は 1970 年代後半より補修や維持更新の予算が不十分となり，すでに 8,000 マイル（1 万 2,800 キロ）の道路と 13％ の橋梁が設計

図-3.5　America in Ruins の表紙

寿命を超えており，更新が必要となっている．一般道路のサービスレベルを現状維持するためには1980年代で70兆円（700B$）が必要となる．これは未完成の高速道路1,500マイル（2,400キロ）の建設費用である7.5兆円を除いた数値である．米国の橋梁の5橋に1橋は大規模なリハビリテーションあるいは取替えが必要である．連邦政府道路局はその費用を3.3兆円と見積もっているが，1981年の予算では欠陥橋梁の補修費として1,300億円のみ計上している．

　たまたま著者が手にした1982年2月28日の米国の日曜紙「PARADE」は「OUR UNSAFE BRIDGES」との見出しで道路橋の現状を次のように伝えている．

　　「極めて危険な状況は悪化する一方であり，管理者はこれに対して十分な対応ができていない．劣悪な維持管理と時代遅れの設計は危険性をどんどん高めている．補修費用は4兆円（41B$）になる．ペンシルベニアのある町では橋が老朽化したためにスクールバスの通過が危険となり，学童は橋の手前でバスを降りて徒歩で橋を渡り，空車で橋を渡ったバスに再び乗車するといった措置をとっている．昨年，連邦政府道路局（Federal Highway Administration : FHWA）は議会に対して次のように報告している．52万4,966橋のうち2/5が大幅な補修あるいは架け替えが必要である．そのうちの9万8,000橋は構造上の強度が不足しており，すぐにでも補修しないと落橋の危険性がある．橋梁の寿命は50年程度であるが，橋梁の3/4は使用開始後45年以上経っており，1900年以前に竣工した2万5,000橋がいまだに使われている．1935年までは材料，設計，製作などの標準化はされていなかった」

まさに今の日本で起きていることの先取り記事のようである．

3-3　ニューヨーク，21世紀への架け橋レポート[2]

　ニューヨークはBrooklyn橋（1883年完成，スパン486m），Manhattan橋（1912年完成，スパン451m），Williamsburg橋（1903年完成，スパン488m）が示すように，世界の橋梁建設の先端を走っていたといえる（図-3.6）．そのニューヨークで橋の老朽化が急速に進行し，行政側の対応も満足のいくような状況でなくなった．その時にニューヨーク市交通局の局長であったロス・サンドラー氏と技師

図-3.6　ニューヨーク イーストリバーを渡る橋梁群
手前からBrooklyn橋，Manhattan橋，Williamsburg橋

長のサミュエル・シュワルツ氏が市長のエドワード・コッホ氏に宛てた報告書
"Spanning the 21st Century（21世紀への架け橋）"は当時の状況を分かりやす
く説明しており，また，現在の日本の状況そのもののようにも感じる．その一
部を紹介する．

　「2,098という膨大な数の橋が，ニューヨーク市を一つにまとめている．
この大都市を構成するために，橋は川，湾，運河を渡り，島々を結んでいる．
毎日延べ1億6,000万を超える人や車がニューヨークの橋を渡る．それ
らは市の技術的，美的革新の象徴であり，市の経済的成功の鍵である．

　それにもかかわらず，我々は，橋が必要としている思いやりと注意をもっ
てそれらをいたわってやらなかった．その結果，多くの橋が劣悪な状態に
なっている．交通ネットワークにおける重要な連結器である橋の閉鎖は，
代替ルートに前代未聞の混乱を引き起こす．この報告書は，これらの標準
以下の状態がどのようにして発生したか，そして何がそれらのためにされ
るべきかについて述べている．

　定期的なたゆまぬ検査と組織的な維持をもってすれば，橋梁は無限にも

ちこたえることができる．アメリカの多くの地域においても，橋梁にこのような注意が払われなかった．ニューヨークにおける我々の構造物は，より古く，より大きいために，このような問題はさらに顕著なものとなる．しかし，今まで橋梁を維持する職員のために十分な予算を割り当てることがなかった．また，市の組織の中で橋梁維持の仕事を軽視し続けてきた．

　かつて，橋梁は，橋梁部（Department of Bridges）の管轄下にあった．1916年にはこの責任体制がより大きな組織である構造施設部（Department of Plants and Structures）の下に取り込まれ，1938年には公共事業部（Department　of Public Works）へ移管された．そして1970年に，現在の交通部（Department of Transportation）へ移された．ここでは，道路や鉄道に架かる橋梁をも取り扱っている．

　このように，かつて市当局全体の中で関心の高かった橋梁は，多くの他の関連事項とともに，今や大きな部の中の課の，そのまた下の部門によって取り扱われている．そして，その難しさに輪をかけて，橋梁の責任分界が州と市の間でしばしば変更した．

　橋梁維持部門の職員配置が，その縮小された地位を反映している．例えば．Brooklyn橋では，かつて200人の維持作業員が割り当てられていたが，今や5人にも満たない作業員しかいない．そのため他の橋梁と同様，Brooklyn橋での仕事は，予防的メンテナンスから必要最小限の緊急的な修繕だけへと移っている．対照的に，トライボロブリッジトンネル公団やニューヨークニュージャージ港湾公団によって運営される橋梁に携わる作業員の数は圧倒的に多い．これらの組織により運営される橋梁は，よく維持されている．

　良い維持がなされていれば，どんな橋の状態も不可（Poor）とか可（Fair）といった評価まで低下するはずがない．しかし，数十年という長い期間にわたる最小限度の維持管理が，著しい劣化を生じさせた．我々は今，強力な再建計画によってこれを反転させようと試みている．それは通常維持よりはるかに高いコストを必要とし，その間，市の交通や移動形態を非常に混乱させることになる．

　市の橋梁を復活させることはできる．しかし，それには，現在考えられている再建計画以上のものを必要とするだろう．20以上の橋が100年目

を迎えようとしており，ニューヨーク市は，橋梁点検計画を大きく改良すべき決定的瞬間に直面している．陸上部道路と違って，いろいろな規模と形を有する橋梁は，一級道路よりはるかに厳密な方法で点検，維持される必要のある機械装置である．橋は，伸縮装置や複雑な油圧装置と電気装置といった可動部をも有しており，水中部分も含めて橋梁のあらゆる要素は，適切な頻度で点検を必要とする．そして，維持作業は，点検作業を密接にフォローしなければならない．これらは熱心な現場スタッフと設計技師によって監督される必要がある．

　今がニューヨーク市にとって決断のときである．もし，今行動すれば，過去の過ちを避けることができ，未来の世代に健全な橋梁基盤を保証することができる．再建中の橋梁と同様にすでに"良"の状態の橋梁を含め，市のすべての橋梁は，永久に"良"の状態を保持することができる．我々は，世界で最古の道路橋梁を所有し，かつ，長期間にわたる劣悪化の問題に直面している最初の市である．我々は，米国や世界中の都市のために，一つのモデルを提供することができる」

3-4　Williamsburg橋：補修か架け替えか（Rehabilitation versus Replacement）[3]

　このレポートは重大な損傷の生じたWilliamsburg橋に対して，補修かそれとも架け替えかを検討したものである．

　ニューヨークのイースト川を渡るWilliamsburg橋は1903年に建設され，全長7,308ft は，当時としては世界最長の橋長を誇っていた（図-3.7）．この橋の中央支間1,600ftはBrooklyn橋のそれよりも4.5ft長く，車線の幅118ftはBrooklyn橋の2倍である．Brooklyn橋，Manhattan橋とのリンクで，ニューヨークのマンハッタンのローワーイーストを構成している．この橋の損傷に対して行政，専門技術者，大学教員，市民を巻き込んだ「補修か架け換えか」の検討は学ぶことが多い．

　この橋には建設費を抑えるために様々な工夫がされている．ケーブルについてはBrooklyn橋に比べて80%以上大きい荷重に対して，たった45%のサイズアップとなっている．コストを縮減するために，このケーブルは亜鉛めっき

図-3.7　Williamsburg橋（支間488m，1903年開通）

が施されておらず，油をしみこませたうえでラップされている．建設の期間は7年であり，これはBrooklyn橋の半分である．しかも工事中に火事が発生し，ケーブルに燃え広がり，700本のワイヤーが損傷を受けた事故を経験している．

　主ケーブルのワイヤーについては早い時期から腐食の問題を抱えていた．1910年にはすでに錆と断線が報告されている．1915年には表面を覆っていた金属と帆布が取り除かれ，めっきしたワイヤーでラッピングする工事が実施されている．1934年にはアンカレイジの中でケーブルから錆汁が流れ出していることが発見され，320本のワイヤーが断線あるいは著しく錆びていることが報告されている．損傷したワイヤーは亜鉛めっきされたワイヤーに取り替えられている．しかし，亜鉛めっきワイヤーへの部分的な取替えは水分環境と相まってさらにワイヤーのぜい弱化を進めることになった．

　1979年に全体的な点検が実施され，それに基づいての補修計画が立てられ，そのいくつかは実施に移されていた．そのような補修計画の中で，主ケーブルの取替えが必要とされた．そして橋梁の供用を停止することなく主ケーブルを取り替えるような計画が立案された．さらに，1984年の初めにニューヨーク

州の交通局（NYSDOT）は，この橋の構造的に好ましくない幾何的な特徴を考えると，取替えが補修と同レベルでの比較対象となるとの報告を，6つのコンサルタント技術事務所から受けている．それらを評価したうえで，ニューヨーク市の交通局（NYCDOT）とNYSDOTは補修を実施することを決定し，連邦政府道路局（FHWA）に財政面の支援を依頼した．しかし，FHWAは橋梁の悪い形状に起因する極めて高額な補修工事に対して疑問を呈した．そのために再び全面的な取替え計画が浮上し，損傷部材などの補修を遅らせる結果となった．

　1987年，急増するケーブルの損傷に対する疑問，および補修か取替えかの論争に対して，NYCDOTとNYSDOTはWilliamsburg橋技術諮問委員会（TAC）を設置し，最善の解を模索した．TACには行政側の人間に加えて，コンサルタント，大学からの専門家が参加している．TACは10カ月間の活動で，橋梁のリハビリテーションと取替えのいずれが適切かの判断をゆだねられた．そこでは建設可能性，環境への影響，費用，必要な期間，公共交通への影響，市の財政への影響などの様々な面からの検討が行われた．図-3.8はWilliamsburg橋のケーブルがアンカレイジ部で破断している状況である．当

図-3.8　Williamsburg橋の損傷

時のニューヨークタイムスには「Scrap it or Patch it」というタイトルでTACの活動が報じられている.

　TACの評価は橋のより詳細な点検を促進させることになった．その結果，特にアプローチスパンでの構造要素の厳しい腐食状況が明らかになった．道路管理者であるNYCDOTとNYSDOTは通行者の安全確保のために道路交通と地下鉄の両方を2カ月間通行止めにした．この通行止めにより詳細な点検が実施され，部分的な補修も行われた．点検の結果はTACの資料とされ，評価のために貢献した．1988年，TACは4本の主ケーブルは適切な防錆対策とメンテナンスにより今後100年間，この橋を支えるのに十分，との結論を出した．

　Williamsburg橋は部分的な交通規制を行いながら，損傷している主ケーブルの取替え，ハンガーケーブルの全面的な取替えと定着構造の改善，床構造の鋼床版への取替えなどの補修補強工事が実施され（**図-3.9**），現在では鉄道部および道路部とも全面的に開通している.

図-3.9　工事中のWilliamsburg橋上のBヤネフ博士（ニューヨーク市交通局の
　　　　　橋梁維持・管理部門の責任者）と著者

〔参 考 文 献〕
1 ） Pat Choate, Susan Walter: America in Ruins, The Decaying Infrastructure, Duke Press Paperbacks（1983）
2 ） Ross Sandler, Samuel I. Schwartz: Spanning the 21st Century, New York city DOT, 三木千壽 ほか訳，世界的な橋の再建計画（上，下）橋梁と基礎，Vol.23, No.9, No.10（1989.9, 10）
3 ） Vikas P. Wagh: Williamsburg Bridge Rehabilitation, 10th Annual International Bridge Conference, Pittsburgh（1993.6）

第３章

米国の経験に学ぶ

第 2 部

橋の強度と耐久性を考える

橋はどの程度の年数について機能を発揮するように設計されているのであろうか．設計での寿命の考え方，構造材料の設計，橋に作用する外力の面から，橋の寿命を考える．

第4章

橋の構造設計と寿命

永代橋.
1926年完成. 関東大震災の震災復興事業の第1号として現在の橋が再架橋された. 田中豊先生の指導による現存最古のタイドアーチ橋であり, 日本で最初に径間長100mを超えた橋でもある. 2007年, 国の重要文化財（建造物）に指定された.

4-1　橋の強度設計

4-2　橋の寿命50年説

4-3　経年劣化と既存不適格

4-4　実績としての橋の寿命

4-5　自然力に対する設計荷重からの考察

4-6　本州四国連絡橋の設計での考え方

4-1　橋の強度設計

橋の強度設計では，その寿命中に受ける様々な外力作用に対して十分安全にかつ経済的に機能を果たせるような抵抗を有するように，構造の形や寸法を決める．すなわち，

外力作用＜抵抗力

となる．

外力としては構造物そのものの重量，自動車，列車，人などの人工的な外力のほか，地震，風，温度変化などの自然力がある．昔は落橋を経験しながら，どれくらいの長さまでいける，どれくらいの太さにしないと危ないなどと学んでいったのであろう．

現在の橋などの構造物の強度設計は，想定する供用期間（設計寿命）にどのような外力が作用するかを仮定することから始まる．理想としては「供用期間（想定する期間，寿命）中に発生するであろう最大値に対して絶対に耐えられるように設計する」となる．しかし，例えば，供用期間中に起きるであろう最大の地震や最強の台風の予測などは極めて難しい．

それでは「確率的に取り扱えばよいではないか」となる．その場合，供用期間中にどの程度の確率で生じるとするかが安全性のレベルを決めることになる．供用期間を100年に設定し，その間に例えば0.0001の確率で発生する地震を推定するには，まず確率分布を知る必要があり，そのためにはどの程度の統計値が必要かなど，容易なことではない．

構造物の設計においては，想定する外力よりも大きな力が作用する可能性や，材料の品質のバラツキ，材料や継手部などに欠陥が生じる可能性，設計計算の精度，工作や施工面での不確定要因などを考えて，余裕を見込むことになる．この余裕を安全率と呼ぶが，どの程度の安全率を見込むかは工学的判断ということになる．飛行機の機体では1.5程度の安全率を見込むが，安全側の設計をしすぎると重くて飛ばない，あるいは積載できる重量が減るということになるため，安全率の上限も例えば1.6のように設定される．土木構造物では安全率は1.7といった形で下限のみを決めるのが通常である．

橋に作用する外力は，自重，自動車や列車，歩行者などの活荷重など，様々

である．当然であるが，設計においてはそれらが同時に生じることも想定しなければならない．しかし，それぞれの外力作用の最大値が同時に生じることを想定し，それに対しても絶対に壊れないといったような設計を行うのは現実的とはいえない．例えば橋の上に過積載のトラックが満載状態の時に最大規模の地震が生じるなどである．このように，橋の設計においては様々な工学的な判断が必要となる．

　道路橋や鉄道橋では，たわみが大きすぎると自動車や列車の走行ができなくなるため，剛性*が重要となる．19世紀のイギリスで，吊橋の技術が鉄道分野で進歩したのは，重量の大きい鉄道をたわみやすい吊橋の上に走行させたいとする要求が強く貢献している．英国ウェールスのメナイ海峡を渡るBritannia橋は，たわみを抑えるために桁を錬鉄製の箱断面にしていった結果，吊橋の吊り構造部分が不要となったことで有名である．この形式は管状橋（チューブ橋）と呼ばれている．Britannia橋は火事により焼失したが，同様の橋はまだ残存している（**図-4.1**）．

図-4.1　Conwayのチューブ橋（英国・鉄道橋，吊橋のための塔が残っている）

＊**剛性**：構造物や部材などで，力を受けたときの変形のしづらさの度合いのこと．材質の面からはヤング率や弾性係数が高い材料を使うことにより剛性は高まる．同じ材質であれば部材の断面をH断面にする，箱にする，梁高さを高めるなどで剛性を高めることができる．平板にリブを付けたり凹凸を付けたりすることも剛性を高める方法の一つである．

第4章
橋の構造設計と寿命

　強度や変位に加えて，経年劣化の具体的な現象としての，鉄鋼材料における疲労，腐食，遅れ破壊，コンクリート系材料におけるアルカリ骨材反応，中性化，塩害などに対して，供用期間中，十分な安全性を確保することも構造設計における重要な要求性能となってくる．鋼構造物での疲労とコンクリート構造物でのアルカリ骨材反応と塩害は，道路構造物の3重大損傷といわれている．橋の構造設計においては，強度，剛性，耐久性などの必要な性能をミニマムのコストで実現することが要求される．

4-2　橋の寿命50年説

　それでは，橋は何年くらいもつように設計されるのであろうか．メディアの報道などでは，橋の寿命は50年とされることが多い．確かに50年経った構造物は最近のものに比べて古くさく見えるし，損傷も生じ始めている．また，機能性も新しいものに比べると劣っている．

　しかし，橋をある期間（設計寿命）供用した後に取り替えるといったようなことは，設計では考慮されていないと思われる．実際の橋を見てみると，容易に取り替えられるような構造にはなっておらず，周辺環境からも取替えは困難な場合が多い．また，取り替えるために減価償却のような財政的措置も行われていない．後述する東海道新幹線での大規模修繕を目的としての特別立法措置による積立ては，極めて珍しい．

　日本の道路や鉄道は1960年から1970年の前半に集中的に整備された．東京地区では1964年の東京オリンピック，関西地区では大阪万博が象徴的なイベントである．図-4.2の道路橋の建設時期の分布から明らかなように，日本の橋梁数のピークの部分の経年が徐々に50年に近づきつつある．では本当に50年で橋の寿命が尽きると考えているのであろうか．

　橋の寿命50年の根拠は何であろうか．多分，1968年（昭和43年）に大蔵省から出された「構築物の減価償却資産に関する省令」であろう．それによれば，鉄筋コンクリートあるいは鉄骨鉄筋コンクリート造の橋梁は60年，金属造のものは45年としている．減価償却期間を耐用年数とし，それを過ぎればその資産は交換時期になったと理解できる．これが橋の寿命50年の根拠と考えられる．しかし，財政的な準備，すなわち準備金の積立てのようなことは行って

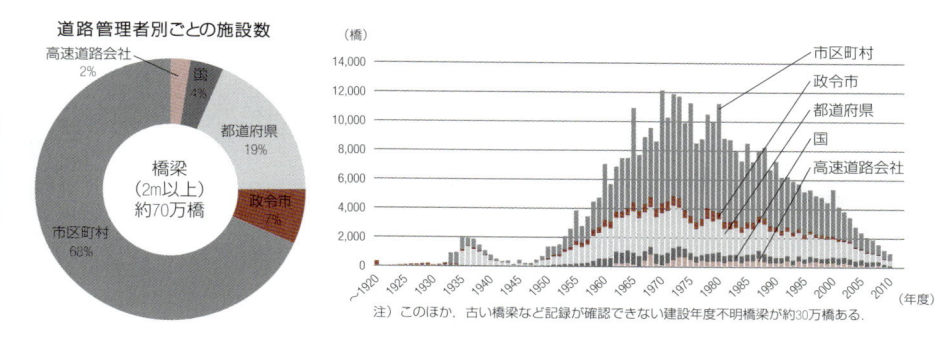

図-4.2 日本の道路橋の建設年度（国土交通省のHP資料）

いない.

　それでは橋梁の構造設計において，寿命の概念はどこに含まれているのであろうか．設計で想定する限界状態の中で，設計寿命曲線（S-N線：後述）を用いた疲労設計では荷重の繰返し回数が必要となることから供用期間を設定する必要がある．しかし，1983年（昭和58年）以前の鉄道橋に対する疲労設計は疲労限界の基準としているため，設計寿命の概念は必要ではなかった．そのためか，1983年の鉄道橋設計標準の疲労の条文の説明においては，新幹線70年，在来線60年を目安とする文章があるが，その理由としては，在来線はこれまでの取替えの実績を考慮しての60年，新幹線は全国新幹線鉄道網建造物設計標準での70年としており，疲労設計での荷重繰返し数との関係については明記されていない．現行の鉄道橋設計標準では，設計供用期間を100年としている[2]．本州四国連絡橋の鉄道部を対象とした疲労設計では，100年の供用期間を想定し，その間の列車本数から，想定する繰返し数を約1,000万回と設定した．

　現行の道路橋では，その設計の基本理念に「橋の設計にあたっては，使用目的との適合性，構造物の安全性，耐久性，施工品質の確保，維持管理の容易さ，環境との調和，経済性を考慮しなければならない」とされている．どの程度の期間，供用するといった寿命の概念は含まれていない．

　このことについては2002年（平成14年）の道路橋示方書[3]の改定の際に議論されたが，疲労設計の導入が見送られるとともに供用期間の設定も見送られた．その経緯については，道路橋示方書の解説に「設計上の目標期間として

100年を念頭に置くべきではないかという議論がなされた．この期間は，設計に用いる荷重値の設定とも密接に関連するが，現行の規定を用いて設計された構造物に大きな支障が生じていないことや，見直すに足りる十分なデータの蓄積がないことから多くの規定は現行のものを踏襲した」と記されている．道路橋示方書は現在，改訂作業中であり，そこでは設計供用期間としての100年が明記されるとのことである．

4-3　経年劣化と既存不適格

では，本書の主題である「経年による劣化，老朽化」についてはどうであろうか．著者が大学で受けた講義では，コンクリート構造物は永久構造物であると習った．コンクリートや鋼で作られた橋は，長い間，永久橋と呼ばれてきた．もちろん著者を含むごく少数の専門家の間では，鋼橋での疲労やコンクリート橋の中性化，アルカリ骨材反応など，経年に伴う劣化現象は将来のメンテナンスにおいて深刻な課題になると考えてきたが，多くの土木分野の技術者の間で，これらの現象の深刻さが認識されるようになったのは，30年前くらいからであろう[4)〜6)]．

経年の高い構造物では，設計時に想定した外力作用が低すぎたために，構造物の設計で想定した要求性能が低すぎ，そのレベルを変えなけらばならないような事態もしばしば生じる．地震力はその典型であろう．兵庫県南部地震の前までは，関東大地震での地震記録をベースとして耐震設計を行ってきたが，兵庫県南部地震以降は想定する地震力がはるかに強くなっている．自動車や列車のような人工力についても，社会的な要請により変えることがある．日本の道路橋の自動車荷重も，実態に合わせるように変遷をしてきた．

設計の基準類は状況の変化に対応しながら改定されていく．その結果，既設の構造物は基準に合わなくなっていく．いわゆる既存不適格問題[**]の発生である．もちろん，既設構造物についても，基準の改定に合わせ，現在の必要性能に合うようにレトロフィットすることが求められる．しかし，一気に実現す

＊＊**既存不適格**：既存不適格は，建築時には適法に建てられた建築物であって，その後，法令の改正や都市計画変更等によって現行法に対して不適格な部分が生じた建築物のことをいう．建築基準法は原則として着工時の法律に適合することを要求しているため，着工後に法令の改正など，新たな規制ができた際に生じるものである

架け替え理由				
	昭和52年度	昭和63年度	平成8年度	平成18年度
上部構造の損傷	295	280	252	179
下部構造の損傷	71	44	32	22
耐荷力不足	29	208	100	60
機能上の問題	248	314	542	319
改良工事	778	682	894	688
耐震対策	0	54	38	23
その他	124	109	65	51
合計	1,545	1,691	1,923	1,342

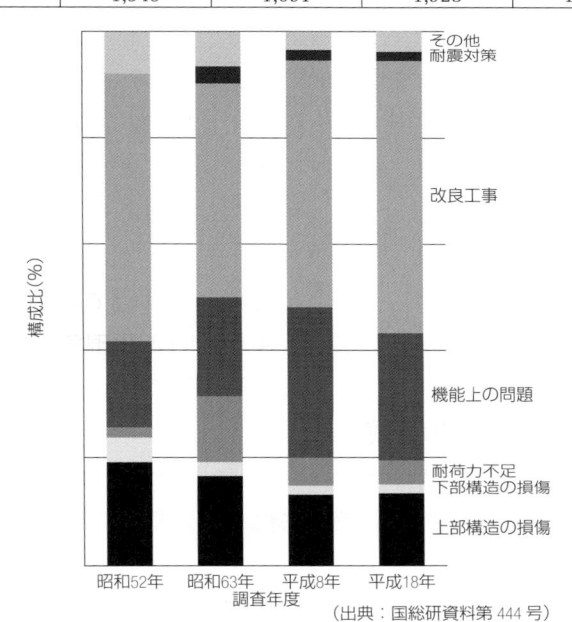

（出典：国総研資料第444号）

（a）架け替え理由の構成比

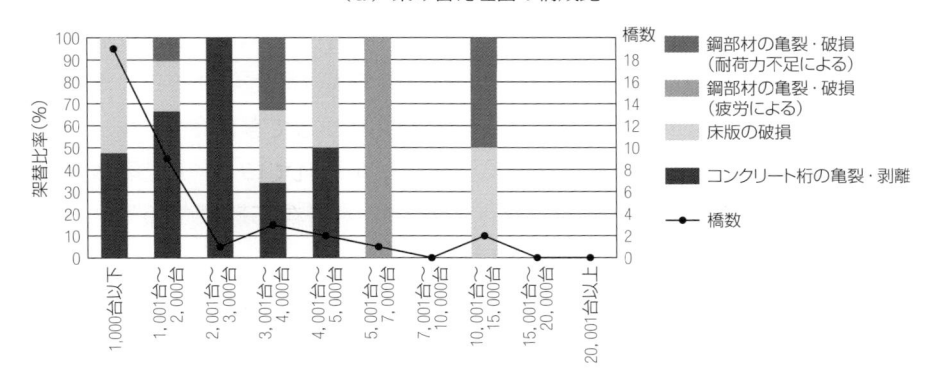

（b）活荷重による架け替えと大型車交通量の関係

図-4.3　橋の架け替え理由[7]

第4章　橋の構造設計と寿命

41

ることは困難であり，優先順位を付けることになる．

　供用期間が長いことは，思いがけない事態にも遭遇する．例えば，何らかの不具合や損傷が発生した場合に，設計計算書や設計図が入手できないことが多い．そうなると，その構造物がどの程度の外力を想定して設計されたのか，使われている材料の強度，鋼部材の板厚，鉄筋の量と配筋などが分からず，構造物の現在の体力（耐力）を知ることは容易ではない．長い期間の使用により生じる，鋼構造における疲労，腐食，遅れ破壊，コンクリート構造におけるアルカリ骨材反応，中性化などは，設計時には未知であった現象である．それらに対応するには，設計や施工時のデータが極めて重要である．

　事故が起きるということは，計画，設計，施工，維持管理のどこかに失敗があったことを意味する．設計はシミュレーションであり，バーチャルの世界であるのに対して，事故は実物で生じたリアルの世界ともいえる．そこに事故に学ぶことの価値がある．失敗を分析し，それを次にどのように活かしていくのか．過去に経験した事例から学ぶことが本質といえる．

4-4　実績としての橋の寿命

　橋の寿命としては疲労，腐食，材料劣化などのために強度が低下して自分の重量や上を通る列車，自動車などを支えられなくなる物理的な寿命と，道幅が狭すぎて安全に通行できない，使い勝手が悪くなったなどといった機能的な寿命が考えられる．わが国の道路橋については国土技術政策総合研究所で広範囲な調査が行われている[7] が，平成18年までの実績からは，強度低下などの理由ではなく，幅が足りないなどの機能上の理由で架け替えられることが多かった（図-4.3）．また，河川の改修も架け替え理由で大きな割合を占めている．大型車の交通量が増えると鋼部材の亀裂・破断が増えること，RC床版の破損は大型車の交通量にさほど依存しないことなど，興味ある事実である．物理的な老朽化を理由としての架け替えはこれからの問題であろう．

　鉄道橋では，特に鋼製の橋桁は資材的な扱いをされてきた．すなわち，ある場所で使っていた橋に機能上の不足が生じたとき，その橋にふさわしい次の場所に移築して使うことがしばしば行われてきた．例えば箱根登山鉄道の早川鉄橋（図-4.4）はその一つであり，1888年にイギリスから輸入して東海道本線

図-4.4 早川鉄橋（箱根登山鉄道）

に使われていた桁を1923年に移築し，今も使われている．同様に，東海道本線などの幹線から地方線に移築された桁は数多い．そのような理由により，鉄道橋は道路橋に比較して経年が高く，100年を超える橋も多い．

　ここで「橋においては物理的な寿命はない，考える必要はない」と言いたいのではない．疲労などの現象は確実に進行しているのであるから，いつかは橋の安全性を脅かすようになる．その兆候は現れ始めている．しかし，まだどうにかなる状態であると考えている．ただし，今までのやり方では取り返しのつかない状況になることは確かである．

　著者の実感として，「米国では社会インフラの経年劣化対策をあれほどやっているのに，事故が止まらない．対策が追いついていないのだろう．ある閾値を超えると難しくなるのだろう．日本でも今までの経験からは予知できないような新種の損傷が次から次へと発生している．どうにかしなければ」である．まるで医療の成人病や老人病の世界のようである．

4-5　自然力に対する設計荷重からの考察

　構造物の設計で「どの程度の強さの自然力を想定するのか」は，自然力の発生を確率的に取り扱うとすれば，その生起確率との関係で一つの寿命の設定となる．風，地震，温度変化などのいわゆる自然力は，自動車や列車などの人工

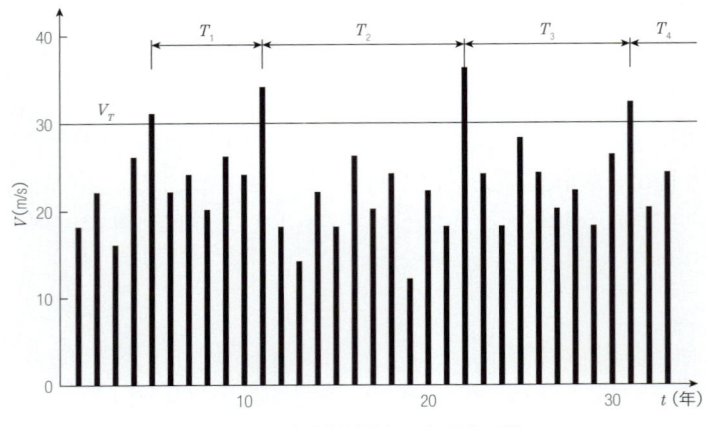

図-4.5　年最大風速の時系列の例

的荷重とともに，構造物の設計において支配的な外的作用となる．重要な構造物なのだから絶対に壊れないように，そのためには想定寿命の間での最大値を予測し，それに対して耐えられるように設計すべきであるという考えは当然である．しかし，地震などの自然力の強さの最大値を確定的に決定することはできない．

　地震や風の強さを表現する場合に，「何年に一度」といった表現が使われる．「何年に一度」の何年は統計的には平均再現期間という数値を指している（**図-4.5**）．年最大風速 V_T 以上の風が平均して T 年に1回の割合で発生することが期待されるとき，この T 年を風速 V_T の平均再現期間と呼ぶ[8]．

　この平均再現期間は単位時間（ここの例では1年）にその事象の発生する確率の逆数である．すなわち $T=100$ 年とすると1年間にその事象が発生する確率は $p=1/100$ となる．確率の簡単な計算を行うと構造物の耐用期間（寿命）N の間にその再現期待値を超えない確率（非超過確率）Q は T が大きい場合は次のように求まる．

$$Q = \exp(-N/T)$$

すなわち，ある現象がその再現期間の間に発生する確率を考える時は $N=T$ とすれば求めることができる．すなわち，

$$1 - 0.364 = 0.636$$

となる．

このように，構造物の耐用期間に合わせた平均再現期間に対応する外力作用を設計荷重にすると，その寿命中に再現期待値（設計荷重）を超える確率は63.5％と極めて高い．したがって，設計供用期間（設計寿命）に対してどの程度の平均再現期間とするかが重要な決断となる．例えば設計で想定する地震や風の平均再現期間を設計寿命の2倍，10倍などとすることにより，計算上は安全性の高い設計値を想定したことになる．しかし，信頼できる再現期待値を求めるには，どの程度の期間の統計値が必要となるかが問題である．

4-6　本州四国連絡橋の設計での考え方

本州四国連絡橋は計画当時（1960年代），類を見ない規模の架橋プロジェクトであること，日本では長大橋の建設の経験が乏しかったことから，当時の最先端の知識を結集して幅広い検討が行われた．設計，製作，施工のすべてを対象として，当時の最先端の知見に基づいて構築されたともいえる．

長大橋の設計では耐風設計が極めて重要であり，どの程度の風を想定するのかということになる．その想定される風の強さは再現期間と生起確率との関係で考えられる．しかし，架橋地点ではそれを決めるだけの観測記録がないのが通常である．本州四国連絡橋における耐風設計は設計のための風速を明確に示した点が画期的である．このことから耐風設計の目標が具体的となり，各橋における耐風安全性の整合性と設計の合理化が促進された．

本州四国連絡橋については架橋地点の観測データに対して極地統計学の考えを導入して処理し，再現期間150年の基本風速を予測し，この基本風速に高度，

＊＊＊**マグニチュードM**：地震の大きさ（規模）を表す尺度である．マグニチュードは震源から放射された地震波の総エネルギーEを表す値であり，ある地震に対するマグニチュードは多くの地震観測点での記録から計算される．

マグニチュードには様々な定義があるが，日本では気象庁マグニチュードM_jがよく用いられる．最近はカリフォルニア工科大学の金森博士らの提案によるモーメントマグニチュードM_wがしばしば用いられる．これは大規模地震においても値が飽和しない（頭打ちにならない）性質を持っている．

MとEには

$Log_{10}E=4.8+1.5M$

という関係があり，マグニチュードが0.2大きくなるとエネルギーは約2倍，1大きくなるとエネルギーは約32倍になる．2大きくなるとエネルギーは約1000倍となる．有名な地震のマグニチュードMは次のとおりである．

1995年阪神・淡路地震M_j7.3，1923年関東地震M_w7.9，1946年南海地震M_w8.4（M_j8.0），2003年十勝沖地震M_w8.3（M_j8.0），2011年東北地方太平洋地震（東日本大震災）M_w9.0（M_j8.4），2004年スマトラ地震M_w9.1，1960年チリ地震M_w9.5（これ以上の地震は発見されていない）

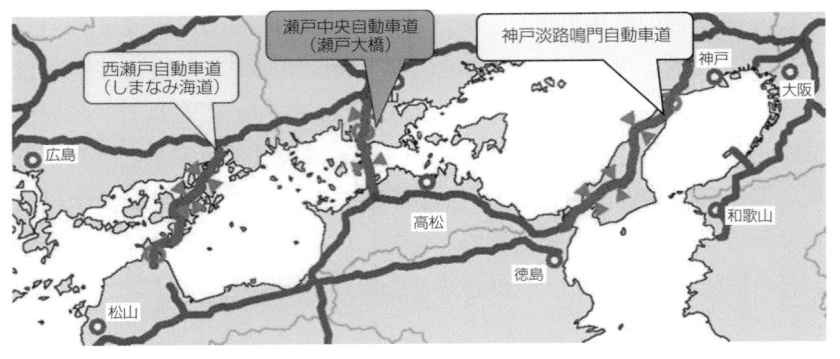

(a) 明石−鳴門，児島−坂出，尾道−今治の3ルートで構成

(b) 瀬戸大橋（3吊橋，2斜張橋，1トラス橋で構成，全長約10km，1988年完成）

(c) 完成間際の明石海峡大橋（世界最長の吊橋，支間1,991m，1998年完成）

図-4.6　本州四国連絡橋プロジェクト（本州四国連絡高速道路㈱提供）

構造物の応答特性，風の空間特性を考慮して構造物ごとの設計風速を試算している．また，得られた設計案に対して風洞実験を行い，不安定な現象が発生しないことが確認されている[7]．

　本州四国連絡橋の瀬戸大橋の地域はわが国の中では比較的地震に対して安全である．耐震設計での設計加速度は架設地点の橋梁下部支持地盤上において180galとしている．これはマグニチュードM^{***}8の規模の地震に対して震央距離150kmとして計算した結果である[10]．

　明石海峡大橋の耐震設計[10]では明石海峡大橋を中心として半径300km圏内の地震をベースにして基準応答スペクトル曲線を求めている．その想定地震は耐用年数を100年，非超過確率を0.5と設定しており，再現期間150年の地震ということになる．さらにもう一つの地震として，紀伊半島沖で発生が予想されている海洋型の巨大地震として，震央距離$\varDelta=150$km，マグニチュード$M=8.5$の地震を想定している．明石海峡大橋の設計用のスペクトル曲線は最終的にこれら2つの地震動を包絡する形で決められた．

　1995年1月17日に発生した兵庫県南部地震は明石海峡大橋の直下の深さ14kmを震源としており，マグニチュードは7.3であったが，神戸海洋気象台の分析では最大加速度848galの地震であったとされている．この地震を受けたときはケーブルの架設の最終段階であり，構造体には被害はなかった．しかし，主塔の間隔が1mほど長くなり，最大スパンが1,991mとなった．この事実は，設計仮定の難しさを示している．

　この地震を契機としてわが国の耐震設計は大幅に見直された．設計地震動としては，プレート境界型の地震を想定したタイプIと内陸直下型の地震を想定したタイプIIの地震動が耐震設計に用いられるようになった．

〔参考文献〕
1）国土交通省ホームページ
2）鉄道構造物等設計標準・同解説，鋼・合成構造物，平成21年改訂
3）道路橋示方書・同解説，日本道路協会（2002）
4）斎藤宏保：重い遺産，祥伝社（1983）
5）NHK特集：コンクリートクライシス（1984）
6）鋼橋の疲労，日本道路協会（1997.9）
7）玉越隆志，大久保雅憲，市川明広，武田達也：橋梁の架替に関する調査結果（IV），国土総合政策総合研究所資料，No.444（2008.4）
8）伊藤學，尾坂芳夫：土木工学体系15，設計論，彰国社（1980.3）
9）秋山晴樹：耐風設計基準の変遷，橋梁と基礎，明石海峡大橋開通記念特集号（1998.8）
10）加島延行，河口浩二：耐震設計基準の変遷，橋梁と基礎，明石海峡大橋開通記念特集号（1998.8）

第5章

構造材料の経年劣化現象

疲労亀裂面とぜい性破壊面.
中央の半円部分は人工亀裂. その先端に沿って疲労亀裂が発生し,
進展している. その外側のざらついた面は疲労亀裂から発生した
ぜい性亀裂の破面（試験片）.

5-1　橋梁部材の破壊モード

5-2　鋼の製造, 鉄鉱石から鋼材まで

5-3　鋼の基本的な性質

5-4　ぜい性破壊と破壊じん性

5-5　疲　　労

5-6　座 屈 現 象

5-7　腐　　食

5-8　異種金属腐食

5-9　環境誘起破壊

5-1　橋梁部材の破壊モード

　鋼橋において，経年が進むことにより生じる物理的現象としては，疲労，腐食，応力腐食などがある．その結果，断面が減少する，あるいは亀裂が進展するなどし，そこに作用している力に抵抗できなくなって，最終的な破壊を引き起こす．疲労は経年による劣化というよりは，応力の繰返しにより生じる現象であり，橋においては経年というよりは，どの程度の交通荷重にさらされてきたかが問題である．

　鋼橋にとって最も注意すべき破壊モードは疲労とぜい性破壊*である．普段の使用状況で突然部材が破断することになるからである．疲労により生じる亀裂は極めてシャープであり，その亀裂がぜい性破壊の起点となる（**図5-1**）．しかし，疲労亀裂はそのシャープさから発見は難しく，たとえ部材の表面に発生していても気が付かないほどである．設計においては疲労亀裂の発生と進展を防止するような構造を採用する，ぜい性破壊の防止に十分な破壊じん性（後述）を有する鋼材を使用するなどが重要である．メンテナンスでは亀裂が限界状態

図-5.1　シカゴダンリャン高架橋，鋼ラーメン橋脚の横梁が溶接部から発生した疲労亀裂およびそれに伴うぜい性亀裂により破断している[1]．

---

*　**ぜい性破壊**：破壊に至るまでにほとんど塑性変形を伴わずに生じる現象であり，亀裂は高速に伝搬し，破面は平滑なのが特徴である．ガラスや陶器などのぜい性材料はもちろん，通常は延性破壊を起こす金属材料でも低温ではぜい性破壊を起こすことがある．

になる前に発見し，適切な措置をとることが必要である．

　腐食はその進行が観察しやすいことから，適切なメンテナンスが行われている場合には，腐食を原因としての橋の破壊事故は少ない．しかし，後述する木曽川橋のように，表面からは見えにくい箇所に局部的に腐食が進行して部材の破断に至ることがある．そのような腐食は局部的に板厚方向に進行し，危険である．また，アルミやステンレスでできたボルトなどを鋼に取り付けるなどした場合，湿潤環境では異種金属腐食（後述）と呼ばれる電気化学反応が発生し，予想もしないような急激な腐食が進行する場合がある．

　鉄筋コンクリート橋（RC橋）においては，コンクリートの中性化やアルカリシリカ反応（アルカリ骨材反応とも呼ばれる）によりコンクリートが劣化し，鉄筋に錆が発生し，破断に至る．そもそも，適切な材料，適切な配合設計，適切な施工がされていれば，コンクリートそのものは経年とともに強度が上昇する材料である．また，コンクリートは強アルカリであり，その中に入れられた鉄筋も腐食から守られている．しかし，かぶり**が薄い，施工時に仮支持に使った番線（鋼線）が表面に表れている，あるいは乾燥収縮やコンクリートの劣化などにより微細なひび割れが発生するようなことがあると，急速に鉄筋位置まで中性化が進み，鉄筋の腐食が生じることになる．腐食による錆は著しい体積膨張を伴うため，かぶりコンクリートを破壊して剥落を引き起こし，さらに鉄筋の腐食を進めることとなる（図-5.2）．

　プレストレストコンクリート橋（PC橋）（図-5.3）では，プレストレスを導入するための高強度の鋼線（ピアノ線，PC線）のケースであるシース管***の中で腐食が発生し，PC鋼線の断線を引き起こすこともある．その多くの原因は，シース管の中にきちんと充填されなければならないグラウト（セメントモルタル）が未充填あるいは不十分な充填であったことなど，施工に起因することが多い．また，定着具で遅れ破壊が生じる可能性もある．

　本章では，経年劣化に関係する構造材料の基本的な性質を概説する．

＊＊**かぶり**：鉄筋コンクリート の設計に用いる項目の一つで，鉄筋からコンクリート表面までの最短距離である．コンクリートはアルカリ性であり，鉄筋の腐食（酸化）を防止する．コンクリートの中性化が鉄筋位置まで進行すると鉄筋の腐食が始まるなど，かぶりの不足は鉄筋コンクリート部材の耐久性を低下させることになる．

＊＊＊**シース管**：ポストテンションタイプのプレストレストコンクリート構造で，プレストレスを入れるための鋼棒や鋼線を通すケースの役割をする鋼製の管．

図-5.2 かぶりコンクリートの剥落と鉄筋の腐食

製作の手順

1. 鉄筋，シース，型枠の組立て

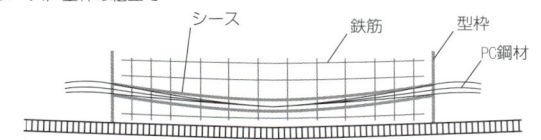

シース　鉄筋　型枠　PC鋼材

2. コンクリート打設，養生

コンクリート打設，養生

3. プレストレスの導入，グラウトの充填

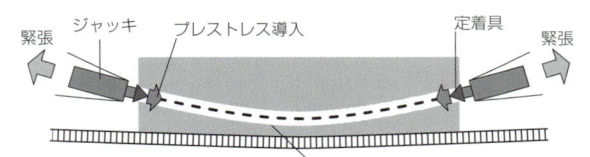

緊張　ジャッキ　プレストレス導入　定着具　緊張

緊張後，コンクリート部材と PC 鋼材を一体化
するとともに PC 鋼材を錆から保護するために，
シース内に「グラウト」と呼ばれる充填剤を注
入する.
PC 鋼材に導入された定着力は定着具（アン
カー）で保持する.

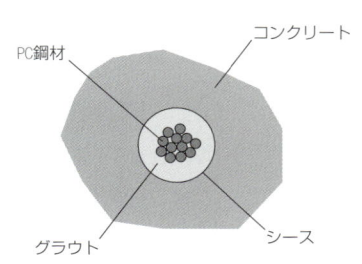

PC鋼材　コンクリート
グラウト　シース

図-5.3 PCコンクリートの製作手順

5-2　鋼の製造，鉄鉱石から鋼材まで

　鉄は鉄鉱石を原料としている．鉄鉱石は酸化鉄であり，それを還元して鉄を作る．還元したままの鉄は不純物が多く，強度的にも加工性からも，構造材料としては使いやすいものではない．鉄に含まれている硫黄，リンなどの不純物を除去し，炭素の量を調節し，さらには性質を改善するためにニッケル，クローム，銅などの合金を添加することにより鋼が作られる．これが構造材料である．

　橋梁などの構造物は製鉄会社により鋼板として供給される鋼材を加工して製作する．製作には鋼板の切断と必要な断面や形状に構成するための継手，さらには部材を組み立てて構造物にするための継手が必要となる．継手としては，ピン継手，リベット継手，溶接継手，高力ボルト継手が用いられる（**図-5.4**）．

　現代の日本の橋は，工場で施工する継手は溶接，現場で施工する継手は高力ボルト継手が一般的である．すべての継手がリベット継手の時代が長く，1960年代には過渡的に工場での継手は溶接，現場での継手はリベットが用いられた．力学的に見て，継手部には力が集中すること，継手部では形状が不連続になることから応力集中が生じるため，構造物の強度の問題はすなわち継手部の強度問題であることが多い．

5-3　鋼の基本的な性質

　鋼の基本的な力学的性質は引張試験により確認される．力学的な性質を表すために，そこに働く力を面積で割った応力（単位面積当たりの力）と長さの変化率であるひずみが用いられる．構造物の設計においては応力とひずみの関係が重要である．

　図-5.5は鋼材の引張試験後の試験片である．構造物に使われる鋼材は引張強度で400MPaから800MPaであり，PC鋼線や高力ボルトは1,200MPaレベル，吊橋のケーブルでは1,500MPaから2,000MPaレベルである．

　鋼材の引張試験を行うと，応力とひずみが比例する領域が存在する．この領域でのひずみと応力との比を弾性係数，あるいはヤング率と呼ぶ．弾性係数は鋼材の強度が変化してもほとんど変化せず，2GPa程度である．これは構造材

ピン結合された鉄道トラス橋

トラス下弦材のピン結合

（a）ピン継手

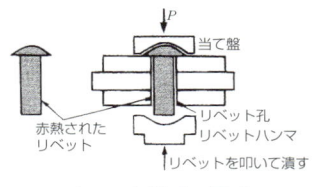
リベット継手の形成

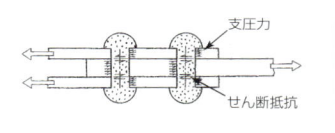
リベットによる力の伝達

永代橋（リベット構造）

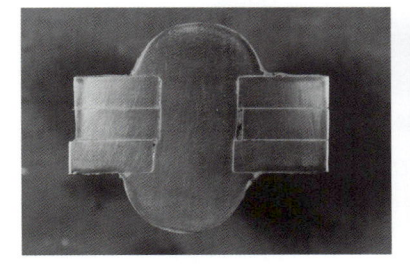
リベット継手の断面

リベット継手（永代橋の桁部下面）

リベットは赤熱状態で叩き込まれるため，リベットの軸が孔の形状になじんでいる

（b）リベット継手

（c）溶 接 継 手

（d）辰 巳 新 橋

（e）高力ボルト継手（本州四国連絡橋与島橋）

（f）高力ボルトのセット

図-5.4 構造物に用いられる各種の継手類

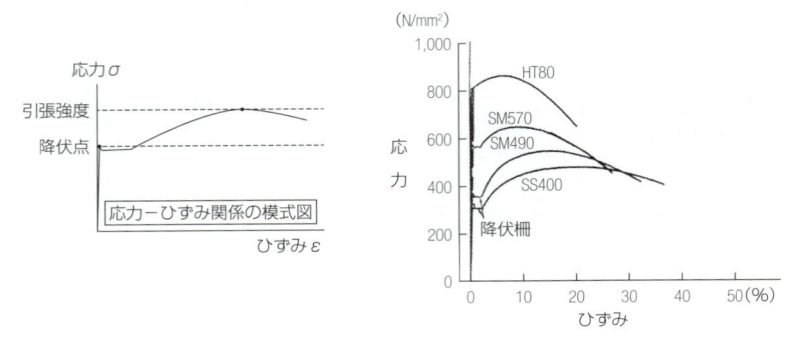

（a）鋼材の引張強度特性

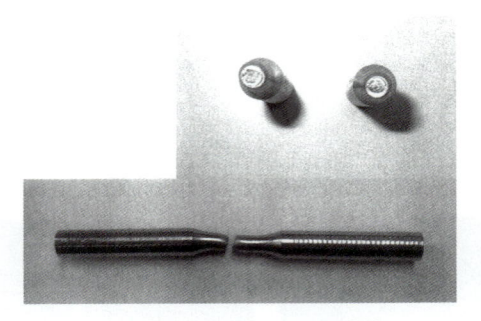

（b）鋼材引張試験による破断

図-5.5　鋼材の引張試験

料として極めて有用な性質である．すなわち，橋は様々な強度の鋼材を組み合わせて作られるが，たわみや変形を精度よく予測することが可能である．

　引張試験でさらに加力を高めていくと急激にひずみが増加し始める．これを降伏と呼ぶ．降伏した後も鋼材は伸び続ける．構造物の強度設計はこの降伏を基準とすることが多い．破断は降伏時のひずみの100倍以上のひずみが生じた後に発生する．この伸び能力の高さは，鋼材が構造材料として優れている理由の一つである．

5-4　ぜい性破壊と破壊じん性

　鋼材の所要性能のうちのシャルピー衝撃吸収エネルギー（**図-5.6**）は鋼材のぜい性破壊に対する抵抗の度合い，破壊じん性値を示す値であり，疲労など

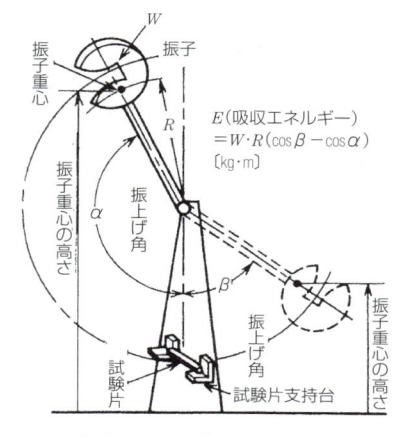

（a）シャルピー衝撃試験機

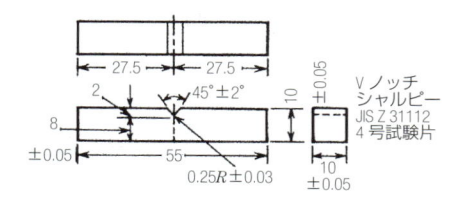

（b）シャルピー衝撃試験片

図-5.6 シャルピー衝撃試験

により生じた亀裂からのぜい性破壊に対する抵抗性を示すものである．シャルピー衝撃吸収エネルギーは温度に依存し，温度が高い領域では延性破壊するが，ある温度以下になるとぜい性破壊を生じるようになる（**図-5.7**）．

　ぜい性破壊に移行する温度を遷移温度と呼び，ぜい性破壊防止設計で用いられる指標である．遷移温度は吸収エネルギーから（1/2 vE）決める場合（vT_{rE}）と，ぜい性破壊（50%）から決める場合（vT_{rs}）がある．米国の道路橋の設計基準で，構造物が設置される場所での最低使用温度が示されているのは，この特性を反映したものである．事実，多くの橋梁の破壊事故は低温状態で発生しており，冬に入る時期が構造物の破壊防止において注意すべき時期である．

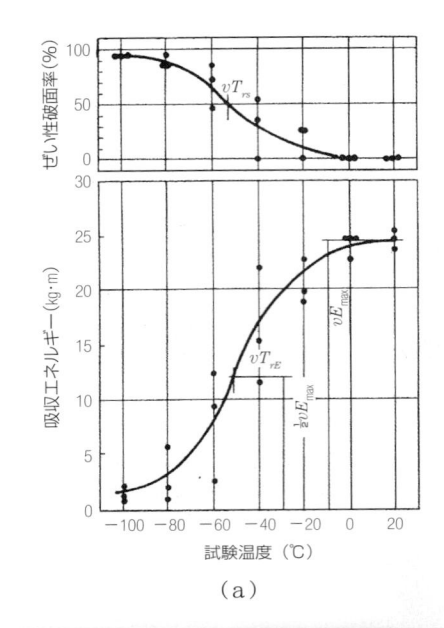

（a）

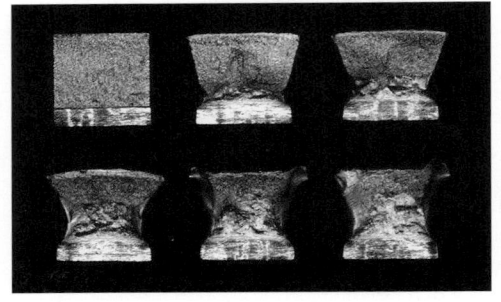

（b）

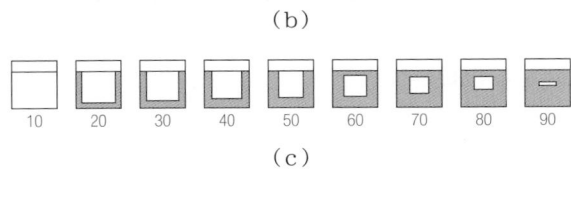

（c）

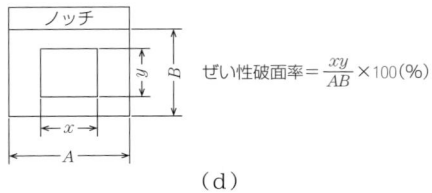

（d）

図-5.7　シャルピー衝撃試験の結果

5-5　疲　労

疲労とは応力が繰り返されることにより生じる破壊現象である．クリップを引っ張っても破断することはできない．しかし，繰り返し曲げることにより，容易に破断することができる（**図-5.8**）．

外力が繰り返し生じると，応力集中部や欠陥部においてミクロサイズでのすべりの繰返しにより損傷が生じる．これが疲労亀裂の発生であり，それが徐々

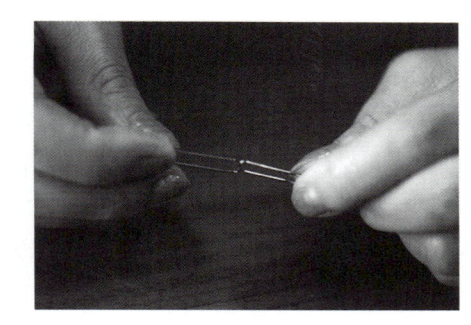

図-5.8　ペーパークリップの疲労試験

第5章　構造材料の経年劣化現象

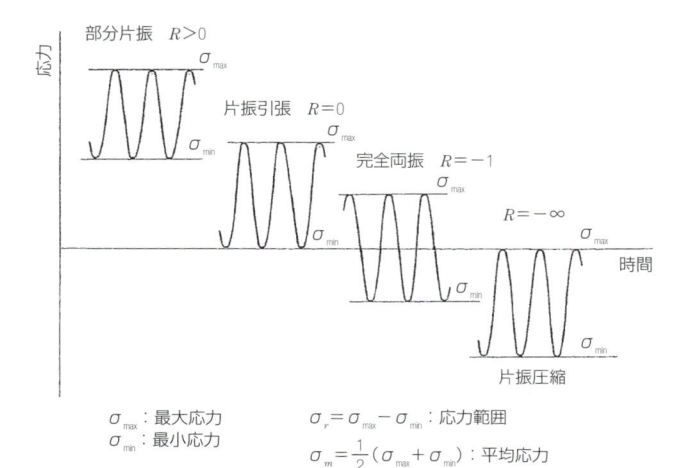

図-5.9　変動応力と名称

に進展し，構造物や部材の破断に至る．最終的な破断はぜい性破壊のケースが多い．溶接構造物では供用開始後の早い時期に亀裂が発生し，疲労寿命のほとんどが亀裂の進展に費やされることもある．もちろん応力が低い場合には疲労亀裂が発生せず，寿命中に1億回を超えるような応力の繰返しが想定される場合には，亀裂が発生しないことを設計条件とする場合もある．

　疲労に最も影響する力学的な因子は応力の変動幅（**図-5.9**）であり，それを応力範囲と呼ぶ．一定の応力範囲（S_r）での疲労試験の結果は，応力範囲と破断までに要した繰返し数（N_f，疲労寿命）との関係で示される．S_rとN_fの関係はS-N線と呼ばれ，両対数で直線となる．また，いくら繰り返しても破断しない応力範囲を疲労限界と呼ぶ（**図-5.10**）．疲労強度はこのような疲労限界を含むS-N線のことを指す．溶接継手部のS-N線の勾配はおおよそ1/3であり，したがって，作用する応力範囲が1/2となると寿命は8倍になる．

　鋼素材や応力集中の低い部材の疲労強度は最大応力と最小応力の比（応力比）の影響も受ける．しかし，溶接構造物では，その溶接部に高い引張の残留応力が存在するため（**図-5.11**），外力により生じる応力の応力比は疲労強度には影響しなくなる．また，外力により生じる応力がたとえ圧縮成分だけであっても溶接部では引張応力となっており，疲労破壊は生じる可能性がある．

　溶接部の疲労強度は鋼材の強度に依存しないことも重要な事実である．場合によっては，高強度鋼材の溶接部の疲労強度は低強度の鋼材（軟鋼材）のそれに

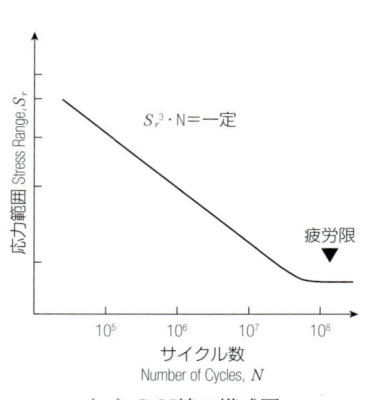

（a）S-N線の模式図

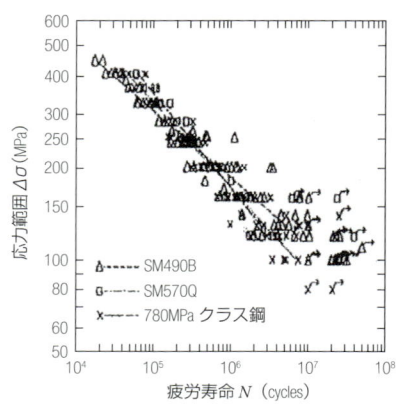

（b）実際の溶接継手部に対する疲労試験から得られたS-N関係
引張強度が490MPa，570MPa，780MPaクラスの鋼材
を使用しても溶接継手部の疲労強度には差がない．

図-5.10　応用範囲（S）と疲労寿命（N）の関係

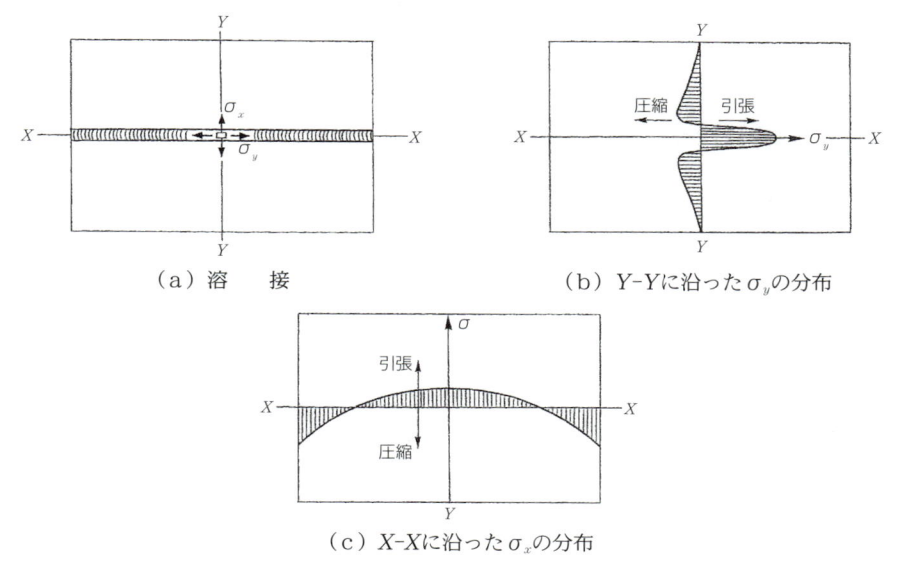

（a）溶　　接　　　　　　　　　（b）Y-Yに沿った σ_y の分布

（c）X-Xに沿った σ_x の分布

図-5.11　周辺自由板の突合わせ溶接部の残留応力分布

比べて低くなる．すなわち，疲労強度は鋼材の強度に対して逆依存することもある．

　疲労による事故は様々な構造体で発生している．疲労研究の原点的な事故としては，米国で第2次世界大戦中に発生したリバティー船とT-1タンカーの損傷が有名である．第2次世界大戦中に約5,000隻が建造され，そのうちの1,000隻に亀裂が発見され，200隻については深刻な破壊が生じ，最少9隻のT-1タンカーと7隻のリバティー船についてはぜい性破壊によって完全に破断したと報告されている．鋼材の所要切欠きじん性や破壊力学研究などはすべてこの事故が原点となっている．

　疲労はリベット構造にも発生する．しかしその数は極めて少ない．構造物の疲労問題は，溶接に固有といってもよいくらいである．溶接構造の疲労問題に関しての先駆者である英国溶接研究所のGurney博士は，溶接構造の大部分は疲労を原因として破壊すると述べている．

　構造物を従来からのリベットに代えて溶接により作り始めたのはヨーロッパが早く，1920年代である．しかし，後述するように破壊事故が続出したことから，リベット構造から溶接構造へ本格的に転換するのは1950年代後半となる．

　わが国での最初の全溶接橋梁は1935年完成の田端大橋である．1950年代

図-5.12　御巣鷹山 日航ジャンボ墜落事故

に入り, 溶接構造への転換が研究されたが, その本格的な転換は比較的遅かったといえる. 東海道新幹線や名神や東名高速道路, 首都高速道路など, 日本を支える交通インフラが, リベット構造から溶接構造に転換した時期の大規模プロジェクトである. それらの橋梁構造は工場で製作される部分の継手は溶接, 現場で施工される部分の継手はリベットとなっている.

　一般的に金属疲労という言葉が知られるようになったのは1985年8月12日のJAL123便 (ボーイング747SR) が群馬県御巣鷹山の尾根に墜落した事故であろう. この事故では日本の航空事故で最多の520名の犠牲者を出した (**図-5.12**). この事故は約7年前に起こした「しりもち事故」に対する修理が不適切だったことによる圧力隔壁の疲労損傷が事故原因とされている. この事故では多列のリベット継手で微小な疲労亀裂が同じライン上に同時発生して急激に進展するマルティサイテッドクラック現象が指摘された. 疲労亀裂が発生するリベットの孔壁がリベットの頭に隠されているため, 亀裂がある長さまで成長しないと表面からは発見できない. 横に並んでいるリベットに疲労亀裂が同時多発的に発生した場合, 亀裂が表面に現れた時には不安定破壊の寸前となっている現象をこのように呼んでいる. 当時, マルティサイテッドクラックも流行語となった.

　飛行機にとって早い時期から疲労は深刻な課題であった. 1950年代, 英国のコメット機は, 与圧された胴体の繰返し変形による疲労により空中爆発した. 同様な事故が連続して発生したこと, 大がかりな再現実験など, その後の飛行機の設計に貴重な教訓を残した (**図-5.13**).

　1988年4月28日に発生したアロハ航空の事故は, ハワイ島のヒロからホノルルに向かっていた旅客機 (ボーイング737-200) が金属疲労のために機体外壁

図-5.13 ジェット旅客機コメットの機体に発生した亀裂

（a）胴体部分が大きくはがれて緊急着陸
したボーイング-737

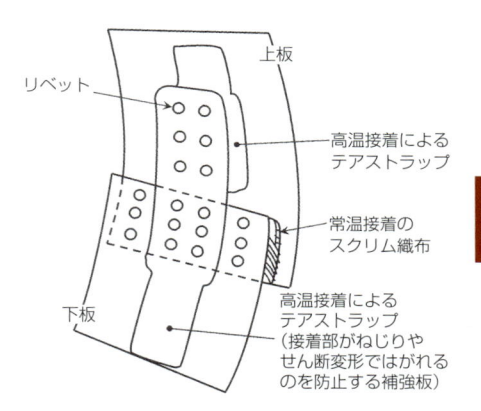

（b）ボーイング-737型機胴体の重ね継手構造

図-5.14 アロハ航空の事故

が損壊し大きな穴が開いたにもかかわらず，緊急着陸に成功した（**図-5.14**）．犠牲者は乗務員の1名のみである．事故機は1969年に製造されて以来アロハ航空が運用していたが，飛行時間3万3,133時間，飛行回数8万9,090回という老朽機であった．この事故においてもマルティサイテッドクラックの重大性が指摘されている．

5-6 座屈現象

　鋼材では引張力を受けた場合と圧縮力を受けた場合でも，その応力－ひずみ関係や強度に差がないことも重要な特徴である．鋼材の引張強度は，通常は引張によって断面が減少し，最終的な破断はくびれにより決まってくるが，圧縮ではくびれが発生しないため，鋼材の圧縮強度を求めることは極めて難しい．

　細い，長い部材が圧縮力を受けると座屈と呼ばれる不安定現象が生じる．これは断面の形状と長さに依存する現象であり，構造体の限界状態を決める一つの要因となる．プラスティックの定規を引っ張って破断することは大変難しいが，圧縮力を加えると容易に変形し，破壊に至る（図-5.15）．座屈を原因とする事故は施工時に生じることが多いが，地震による過大荷重によっても生じる（図-5.16）．

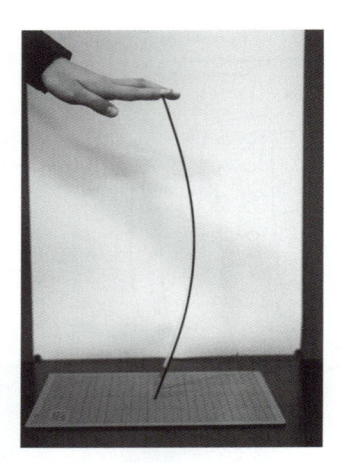

図-5.15　定規による座屈試験

図-5.16　地震により生じた柱の圧縮座屈
　　　　　（国土交通省提供）

5-7　腐　　食[2]

　大気環境における金属の腐食は，電気化学的なプロセスによって生じる．腐食反応にはアノード（陽極）反応とカソード（陰極）反応がある．アノード反応は金属の溶解であり，カソード反応は水溶液中の溶存酸素の還元作用と錆の還元作用である．

　大気中に置かれた鋼材の表面は"ぬれ"と"乾燥"を繰り返している．腐食反応が進行するのは"ぬれ"の間であるが，支配的な腐食反応および腐食速度は鋼材表面の水膜の厚さにより変化する．鋼材の初期の大気腐食速度は，水膜の厚さが$1\,\mu$mの時に最大になるといわれている．水膜が薄すぎると水が不足し，厚すぎると酸素の供給が追い付かず，腐食速度が減少する．

　相対湿度が100%以下であっても水分が凝縮し，肉眼では見えないような

水膜が表面に存在する場合がある．さらに大気中には硫黄酸化物（SOx），窒素酸化物（NOx），海塩粒子，塵埃などが含まれており，それらが水膜に溶解して電解質溶液を形成するため，腐食速度はその種類や濃度によって大きく影響される．

　わが国の鋼橋の大気腐食反応に支配的に作用するのは飛来塩分である．海塩粒子は波頭が砕けた際に発生する海水ミストが風により運ばれたもので，鋼材表面に付着すると腐食反応を促進する．その成分は約75%が塩化ナトリウム

外観

桁内面の腐食状況

落橋

図-5.17　腐食による落橋，辺野喜橋・1981年架設，2009年7月落橋（琉球大学下里氏提供）

第5章
構造材料の経年劣化現象

（NaCl）で，その他にマグネシウム（$MgCl_2$），硫酸カリウム（K_2SO_4），塩化カルシウムなどを含む．塩化ナトリウムは相対湿度約74％以上（吸湿臨界湿度）で結露して腐食反応を起こす．塩化マグネシウムは吸湿臨界湿度が低く，海塩粒子が鋼材表面に付着すると相対湿度が30％程度以下にならないと完全な乾燥状態にはならない．

　海岸部で季節風などの影響を受ける鋼橋では，腐食が急速に進行することがある（**図-5.17**）．橋の外側の面は雨水で洗われるため，さほど錆びていないように見えても，内面が急激に錆びる場合がある．桁の中の局部的な空気の流れにより，様々なところに塩分が堆積し，腐食を起こす．特に下フランジや水平補剛材などの水平部材の上面や部材の交差部などでは著しく腐食が進行する場合がある．

　最近では道路上に散布される凍結防止剤の影響も顕在化しつつある．凍結防止剤は海塩や岩塩であり，付着すると結露状態となりやすく，腐食が進行しやすくなる．最近は構造物の塩害対策として酢酸ナトリウム（CH_3COONa）など，非塩化物系の凍結防止剤も使用され始めている．

　海岸構造物や海洋構造物は大変厳しい腐食環境にさらされる．例えば鋼管構造の桟橋が10年未満で使用不能となった例も報告されている．**図-5.18**は実

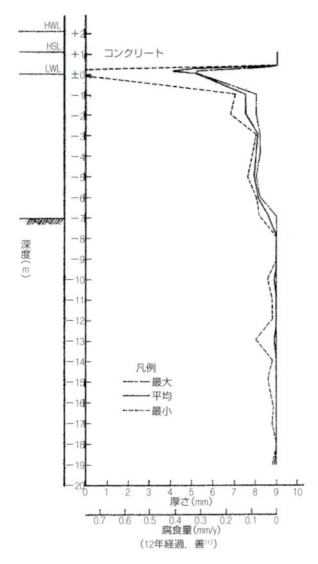

図-5.18　東京港豊海水産埠頭における鋼管杭の腐食傾向[3), 4)]

際の桟橋での腐食量を測定した例であるが，低水位レベル（LWL）付近のいわゆる飛沫帯（スプラッシュゾーン）では，腐食量が1年間で1mmを超えることもある．これは溶存酸素量が高いことと，乾湿の繰返しにより海塩成分が濃縮されるためである．

5-8　異種金属腐食

異なる種類の金属材料が電気的に接触すると激しい腐食が起きる．これが異種金属腐食と呼ばれる現象であり，金属のイオン化傾向*が関係している．高校化学で学習したように，イオン化傾向は金属の酸化しやすさの順，すなわち錆びやすさの順であり，異種の金属を接触させた際にどちらが腐食するかの関係を示している．

様々な環境で用いられる鋼材は，他の金属と同時に使用される機会も多い．腐食対策として鋼材にステンレスのボルトを用いることがある．また，防音構などのアルミ製の部材をアルミ製のリベットで鋼材に取り付ける場合もある．そのような場合，イオン化傾向の高い材料の金属に集中して腐食が起こる．その周辺環境が湿潤な場合にはその腐食は急速に進行し，取り付けた部材が脱落するなどの事故につながる．

このような異種金属間のイオン化傾向の違いを防食対策に利用することがある．その代表例が鋼板の上に亜鉛めっきを施したトタン板である．表面の亜鉛めっきが犠牲的に陽極溶解し，下地の鋼板部分が陰極分極され，腐食を防止することにつながる．亜鉛めっきは鋼橋にも適用されている．その場合には溶接部に生じるめっき割れに注意する必要がある．船舶では亜鉛を船体に取り付けることで，スクリューなどの重要部品を腐食から守っている．海洋構造物ではアルミを犠牲電極として取り付けることが多い．図-5.19は東京湾横断道路の橋脚に取り付けられたアルミ犠牲電極である．

*イオン化傾向とは，水中で金属がイオン化しやすい順に並べたものである．
　その順は次のとおりである．
　　K, Ca, Na, Mg, Al, Mn, Fe, Ni, Cd, Sn, Pb, Cu, Hg, Ag, Pt, Au
　左ほどイオン化傾向が高い，すなわち単体になりにくい，イオンとしているほうが安定していることを意味する．金や白金は単体で安定，すなわち金属表面が酸化されないため，表面が光沢を失わないことになる．

第5章　構造材料の経年劣化現象

（a）東京湾横断道路

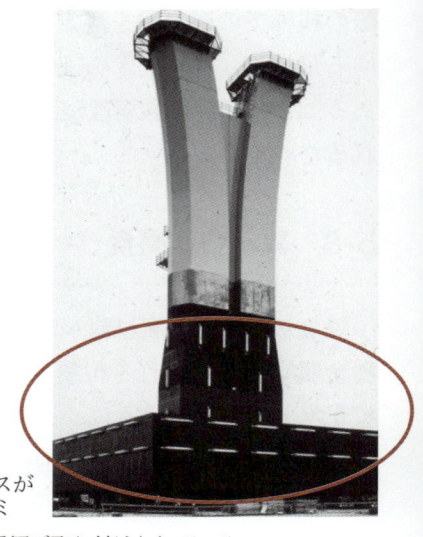

（b）橋脚下部の白色のピースが
　　犠牲電極としてのアルミ

橋脚の下部には重塗装とともにアルミ犠牲電極が取り付けられている

図-5.19 アルミ犠牲電極の適用

5-9 環境誘起破壊

　生じている応力が，ぜい性破壊や降伏を生じるレベルよりはるかに低く，また，応力の時間変動範囲も疲労限界よりもはるかに低いのに，経年により突然破壊が生じることがある．そのような破壊は静的疲労と呼ばれることもあり，やはり亀裂の進展に起因する．この亀裂は電気化学的な反応によるものであり，環境誘起破壊と呼ばれる．また，この破壊現象は当初はなんら異常はなく，ある時間の経過後に発生するために遅れ破壊とも呼ばれる．

　鉄鋼材料に起きる遅れ破壊としては応力腐食割れ（Stress Corrosion Cracking: SCC）と水素ぜい化（Hydrogen Embrittlement: HE）が考えられ，それぞれのプロセスは独立に発生する場合もあるし，水分がある環境では同時に進行する場合もある（**図-5.20**）．

　水素は原子が小さいため鉄鋼中に容易に侵入し，結晶格子を通過する．高い応力が生じている位置では特に水素が侵入しやすく，ぜい化が生じる．溶接部については溶接中に水分や水素が溶接金属内に入り込む．また，鉄と水分との

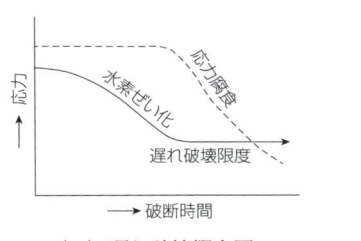

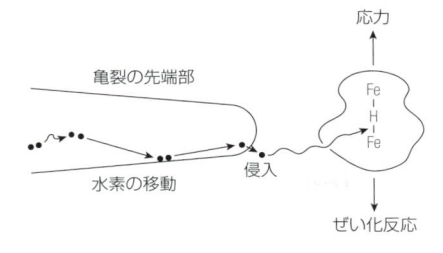

（a）遅れ破壊概念図　　　　　　（b）水素ぜい化のプロセス

図-5.20　遅れ破壊の発生

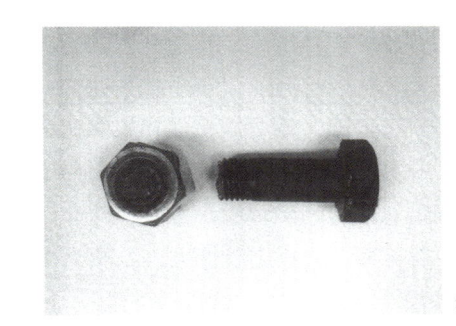

図-5.21
実橋で遅れ破壊の生じた高力ボルト

腐食反応の結果として水素が発生し，それが鉄中に侵入する．これが鉄鋼材料でSCCとHEが密接な関係にある理由である．水素ぜい化の特徴は，発生応力の下限界が存在することである．これは高力ボルトの遅れ破壊でも認められることであり，HEが高力ボルトの遅れ破壊の主原因とされる理由の一つである．

　応力腐食割れ（SCC）は陽極溶解を伴う割れである．鋼ではその表面の材料的な欠陥部で局部電池が形成される．このため，結晶粒界，偏析，介在物などの結晶の不連続部で陽極が形成され，その部分にいわゆるピットが形成される．このピットが亀裂の発生点になる．電解液中で金属を電極として電流を流すと，陽極側の金属は陽イオンとなって溶解し，陰極側では水素が発生することはよく知られていることである．

　図-5.21は実橋梁で遅れ破壊が生じた高力ボルトである．高力ボルトの遅れ破壊についてはHEとSCCの両方が生じているといわれている．高力ボルトを摩擦接合として用いる場合，摩擦耐力はボルトに導入される軸力に比例することから，高強度のボルトほど少数のボルトで継手部を構成することがで

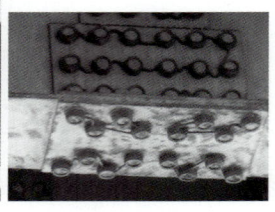

図-5.22
高力ボルトキャップ

き，効率的である．そのため，ある時期，引張強さが130kgf/mm^2（1,270MPa）のボルト（F13T）が使われたが，遅れ破壊が多発したため，現在では橋梁に用いる高力ボルトはF10TとF8Tボルトとされている．

　F10T，およびF8Tはそれぞれ引張強さが100および80kgf/mm^{2}の鋼材を用いて製造したボルトであることを示している．遅れ破壊の発生率は特別の製造ロットで1/100-1/000程度と高くなることがあるが，平均的な発生率はさらに2オーダーほど低く，構造物の強度に直接的につながることはない．遅れ破壊したボルトは取り替えられるが，発生率が高いと判断された場合には，すべてのボルトが取り替えられる．その場合，継手がF13T，F12T，F11TなどF10Tよりも高強度のボルトで設計されている場合に，摩擦耐力が不足するなどの事態が生じることがある．

　高力ボルトの遅れ破壊で最も重要なことは，破損したボルトが落下して第3者に危険を及ぼすことであり，その面での対策が必要となる．**図-5.22**はその例であり，ネットを張る，連結されたキャップを取り付けるなどの対策がとられている．

　近年，F14T，F15Tといった，より高強度の高力ボルトが開発されている．土木構造物がさらされる環境において耐遅れ破壊が保証できることが採用の条件である．

〔参 考 文 献〕
1）J.W.Fisher：Fatigue and Fracture in Steel Bridges（1984）John Wiley & Sons，阿部英彦，三木千壽訳監修：鋼橋の疲労と破壊，建設図書（1987）
2）三木千壽，市川篤司：現代の橋梁工学，塗装しない鋼と橋の技術最前線，数理工学社（2004）
3）三木千壽：鋼構造の耐用年数，土木学会誌（1983.10）
4）善一章：海洋環境における鋼構造物の腐食の実態と集中腐食対策に関する研究，運輸省港湾技術研究所報告，Vol.15，No.3（1976.9）

第 3 部

事故に学ぶ

事故は最高の教科書である．実験や解析はバーチャルの世界であり，事故はリアルの世界である．

第6章

経年劣化による事故

Mianasu橋のゲルバーヒンジ部の支持桁側．ピンが脱落して吊桁部が落下．腐食によりピンが固結したことが原因の疲労．（J.W.Fisher教授提供）

6-1　初期の溶接構造の橋梁の崩壊：ベルギーHasselt橋

6-2　鋼プレートガーダー橋の疲労：オーストラリアKing's橋

6-3　米国での道路橋の経年劣化認識のきっかけ：米国Point Pleasant橋

6-4　米国幹線道路の橋梁の崩壊：米国Mianus橋

6-5　ぜい性破壊の例：米国Hoan橋

6-6　トラス橋の崩壊：米国ミネアポリスⅠ-35W

　本章では疲労や腐食などの構造的な経年劣化により発生した海外での事例を取り上げる．溶接構造が橋の建設に導入された直後から，疲労とぜい性破壊は重要な課題であり，現在でも完全に解決されたとはいえない．

6-1　初期の溶接構造の橋梁の崩壊：ベルギーHasselt橋[1), 5)]

　ベルギーのHasselt橋（**図-6.1**）は全溶接のフィレンディール形式の橋＊であり，溶接構造の橋に生じた最初の大きな事故である（**図-6.2**）．溶接が橋梁の建設に取り入れられて10年も経たない1938年3月14日の出来事であり，橋の完成後14カ月である．事故当時，電車と数人の歩行者が橋の上にいたが，全員避難して人命は失われなかった．事故を目撃した人の証言などから，まず横桁の一つが落ち，下弦材に大きな亀裂が生じて口を開き，それにより上弦材にすべての荷重が作用し，そのアーチ作用の推力が可動端側橋台をせん断破壊

図-6.1　ベルギー Hasselt橋[9)]（奥村敏恵先生提供）

＊部材を骨組上に組み合わせて構成した橋の形式であり，部材間を剛結した4角形がベースの形式をフィレンディール形式と呼ぶ．3角形を基本とした骨組構造で，部材の間をピンで結合した形式をトラスという．古い時代のトラスは実際にピンで止めていたが，近年ではボルトや溶接で結合するため，実際の結合状態は剛結である．

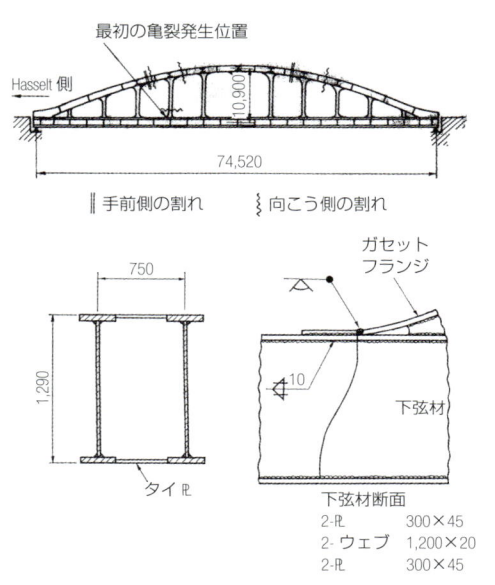

図-6.2　ベルギーHasselt橋の破壊の状況[1]

した．そのため，上弦材にも亀裂が生じ，最初の亀裂が発生してから約6分後に全体が3つの部分に壊れて落ちたといわれている．

使われていた鋼材はベルギーのSt42（引張強さ412-480MPa，降伏点274MPa以上）であり，最大板厚は上弦材の55mmである．溶接部の出来上がりは良好ではなかったとされている．主構の破壊の端緒となった下弦材の亀裂は図-6.2に示すようにHasselt側から第4垂直材と下弦材との現場溶接部で生じている．すなわち，この部分のガセットフランジとあらかじめ下弦材に取り付けられていた材片とが両端拘束状態で現場で突合わせ溶接されたため大きな残留応力が生じ，施工時にすでに亀裂が発生していたのではないかとされている．このような亀裂は事故後の調査で部材破断を起こしていない他の該当箇所にも生じていた．

同種の事故は1940年1月19日には完成後3年のベルギーのHerenthals橋で，1940年1月25日には完成後5年のベルギーKaulille橋で発生している．いずれも気温が低いときに生じている[1],[2]．

このような事故は溶接が発明され，構造物に適用され始めた初期に発生しており，今の技術からみれば，現場溶接を含めた大胆かつ問題の多い溶接手順の

ために，各部に高い引張残留応力が発生し，気温が降下した際に溶接部の亀裂が引き金となってぜい性破壊が生じて下弦材を切断し，引き続き大事故を起こしたといえる．溶接割れや残留応力，拘束応力などの知識が十分でなかったこと，溶接の品質管理が不十分であったことなどが原因といえるであろう．

溶接は電気アークの熱で接合しようとする鋼材と溶接棒の金属の両方を溶かして隙間を埋めるため，溶接部分で全く新しい鋼材を作っているともいえる．液体の金属が固体になり，さらに常温まで戻る際に大きな体積変化（収縮）を起こす．材質や拘束状態によっては，この収縮によって割れが生じる．また，残留応力も生じることになる．収縮のひずみは鋼材の降伏ひずみよりもはるかに大きいことから，溶接部には降伏応力レベルの引張の残留応力が生じることになる．

溶接金属が凝固し，常温に戻っても，環境によっては金属の内部に水素が侵入し，割れを引き起こすことがある．溶接割れに代表される溶接欠陥は溶接構造の疲労や破壊に対して大変重要な役割を果たす．

溶接割れの先端から疲労亀裂が発生していたかどうかなどについては当時の調査結果でははっきりしていない．

6-2　鋼プレートガーダー橋の疲労：オーストラリアKing's橋[1), 6)]

1962年7月11日の早朝，オーストラリアのメルボルンのKing's橋で発生した事故である．この事故の原因究明には，当時始まったばかりの破壊力学が適用され，その後の溶接構造の疲労研究，破壊力学研究に大きな影響を与えた．[6)]　完成後15カ月の橋の上を重量45トンのセミトレーラが通過したとき，図-6.3 に示す第14径間橋桁が落橋した．この橋は全溶接の桁橋であり，亀裂は主桁の下フランジのカバープレート端前面すみ肉溶接止端から発生し，ウェブを貫通した．

破断面を観察した結果，ペンキの付いたものが見られたことから，この桁は製作時にすでに割れを生じていたことが明らかになった．溶接割れを起点として疲労亀裂が発生し，2回目の冬に亀裂の長さ，温度，荷重などの組合わせが限界状態になり，ぜい性破壊を生じたものである．桁の製作時の溶接割れはこのW-14 の桁だけではなかった．事故後，168カ所の前面すみ肉溶接止端部

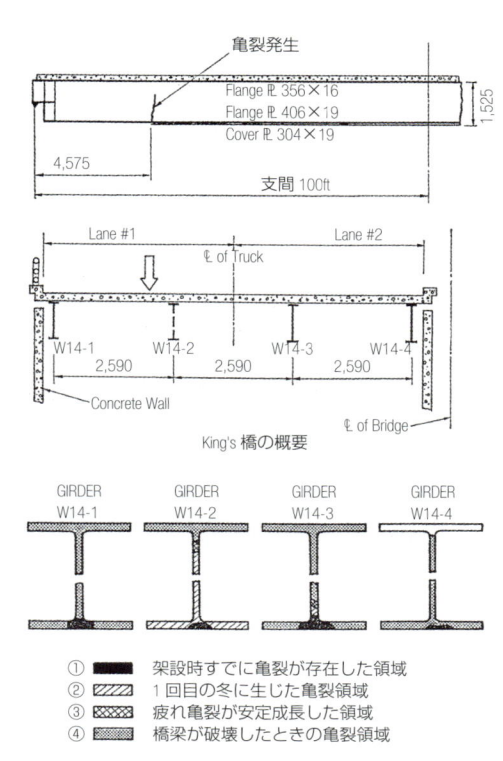

図-6.3 オーストラリアKing's橋，桁の破断面[1], [6]

を調査した結果，86カ所に割れの存在が認められている．

　橋梁に使われていた鋼材にも問題があると報告されている．鋼材の化学成分から計算される炭素当量Ceq**は0.55である．これは溶接割れの発生する可能性が極めて高く，溶接構造物に使うような鋼材ではないといえる．また，鋼材の衝撃吸収エネルギー（破壊じん性値）も極めて低いものであった．

6-3　米国での道路橋の経年劣化認識のきっかけ：米国Point Pleasant橋[1], [7]

　米国でのインフラの荒廃を認識するきっかけとなった事故である．Point

＊＊鋼材の溶接のしやすさは鋼材中に含まれる炭素，マンガン，シリコン，ニッケル，クローム，モリブデン，バナジウム，銅などに依存する．それらの元素を炭素に置き換えた数値を炭素等量Ceqと呼び，溶接性の指標にする．低いほうが溶接割れ等の欠陥が出にくいことを示す．
$$Ceq=C+Mn/6 \ +Si/24 \ +Ni/40 \ +Cr/5 \ +Mo/4 \ +V/14 \ +Cu/14$$

Pleasant橋はSilver橋とも呼ばれる．1928年完成のオハイオ川を渡るアイバーチェーンを用いた吊橋***であり（図-6.4），米国では最初のアイバーチェーン吊橋である．1967年12月15日夕方5時ごろ突然に橋梁全体が崩壊し，川に落下した．この事故で46人の命が失われ，9名は重傷を負っている．事故時の気温は－1℃である．

図-6.4　（a）落橋した米国Point Pleasant橋

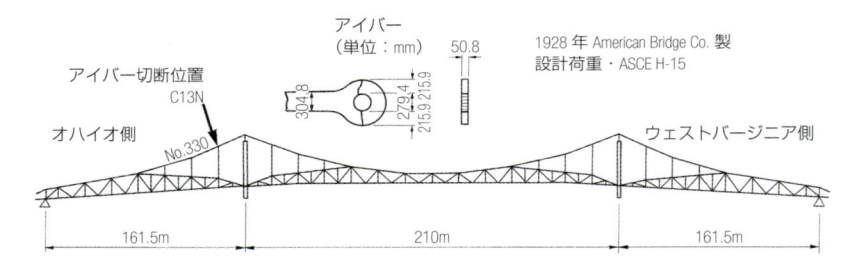

図-6.4　（b）Point Pleasant橋の一般図

　破壊はオハイオ側径間上のアイバーの継手部C13NのアイバーNo.330の頭部ピン孔を含む断面の下側部がぜい性破壊し，続いてその上側が延性破壊したことから始まり，オハイオ側の径間が落下し，続いて中央径間，ウェストバージニア側径間，主塔の順に崩壊した．

　ぜい性破壊の起点は応力腐食割れと報告されている．アイバーに使われてい

＊＊＊現代の吊橋ではケーブルが使われているメイン部材がアイバーで構成されるチェーンになっている．イギリスのメナイ橋など，初期の吊橋はこの形式である．日本でも隅田川を渡る清洲橋などがこの形式の吊橋である．

た鋼材は当時新しく開発された高炭素高強度鋼であり，熱処理された1060炭素鋼である．この鋼材に大気環境で応力腐食割れが生じるのかどうかが重要であるが，報告書は亀裂が発生した断面で，観察された亀裂よりも深い位置にマルテンサイトの硬い層が残っていたことを指摘している．しかし，この応力腐食割れが生じた位置は表面からの検査では見えない場所であり，アイバー継手部を分解しないかぎり，どのような検査機器を用いても発見不可能であった．

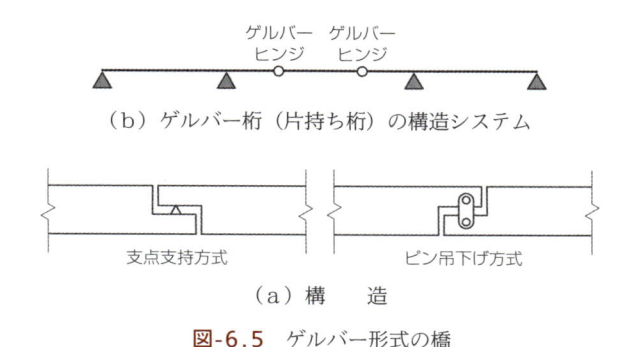

（b）ゲルバー桁（片持ち桁）の構造システム

支点支持方式　　　　　　　ピン吊下げ方式

（a）構　　造

図-6.5 ゲルバー形式の橋

図-6.6 ゲルバー桁（片持ち桁）の吊りスパン支持のためのピン構造（米国Quinnipiac川橋の例）ピンの状態を調べるLehigh大学のYen教授

第6章

経年劣化による事故

6-4 米国幹線道路の橋梁の崩壊：米国Mianus橋[8]

1983年6月28日，アメリカの東海岸に沿った高速道路であるI-95のコネティカット州Mianus川を越える橋桁が落下し，3人が死亡，3人が重傷を負った．事故の発生が午前1時30分であったため死傷者は少なかったが，ニューヨークとボストンを結ぶ高速道路であり，普段は大変混み合う路線である．

この橋は片持ち形式あるいはゲルバー形式と呼ばれ，両側から張り出した桁に中央の吊りスパンと呼ばれる部分をピンで吊り下げて支持している（図-6.5）．日本では吊りスパン部は片持ち部の先端に設けられた支承の上に置かれるが，ピンで吊り下げる形式が欧米では一般的である．図-6.6はMianus橋と同じI-95の同じ州内に架かるQuinnipiac川橋の吊りスパンを支えるピンである．

Mianus橋の事故調査報告書によれば，ピンに吊り下げられたハンガーの間に生じた腐食生成物（錆）がハンガーをピンの外側に押し出し，そのためハンガーとピンの支圧面積が小さくなって接触部の応力が高くなり，その結果として疲労亀裂が発生し，ピンの肩が破断して桁の落下を起こしたとされている．

この橋の事故に関してコネティカット州の不十分な点検が非難された．州政府では12人の技術者が3,425橋の点検に当たっていた．この橋の事故は，Point Pleasant橋の事故後に始められた点検要領に従った定期点検が実施された直後に発生したことが問題とされた．事故後に点検報告をすり替えたことが表ざたになったことが報道されている．

6-5 ぜい性破壊の例：米国Hoan橋[9]

Hoan橋は米国ウィスコンシン州ミルウォーキーのI-794にあり，1974年に完成している．2000年12月13日の寒い早朝に鋼桁のウェブを貫通する亀裂が発見された（図-6.7）．

片側3車線の3本主桁橋のうちの2本の主桁の下フランジが破断している．亀裂の起点は外桁の横構ガセット内で，垂直補剛材との間に残されているウェブのギャップ部である．この部分は横桁，横構ガセット，垂直補剛材が集まる

図-6.7　米国Hoan橋の亀裂

第6章
経年劣化による事故

箇所であり，主桁ウェブに残された狭いギャップ部分は極めて拘束度が高いこと，片側からのレ形の開先形状と溶接線の交差から，その溶接のルートを含む未溶着部は自然の亀裂のような状態となること，しかも高い3軸応力状態になること，自然の亀裂状態の先端部は繰返し応力によって鋭くなったこと，しかし，疲労ストライエーション＊＊＊＊は見つからなかったこと，中央の桁のガセット部については以前に設けた疲労対策としてのストップホールの存在が局部応力を高めていたこと，などが報告書に記載されている．この事故の公式の報告書はwebから入手できる．

　この事故の後，橋梁用の鋼材の動的破壊じん性が議論になった．米国では地域ごとに最低温度が示されており，それに合わせて鋼材の要求破壊じん性値を決めるようになっている．破壊じん性値はシャルピー吸収エネルギーとそれに対する温度で示されている．この事故が疲労亀裂に関係していないことから，破壊じん性をぜい性破壊の停止を条件にすべき，というのがその内容である．

＊＊＊＊疲労により破断した面（破面）を電子顕微鏡により観察すると，規則的な縞模様が見られる．これをストライエーションと呼ぶ．疲労亀裂先端の局部的な塑性ひずみの痕跡であり，1サイクルごとの亀裂の進展に対応する．

シャルピー吸収エネルギーは亀裂の発生と進展の両方に関係しており，ぜい性亀裂の停止条件を検討するのには適していない．したがって，停止条件から破壊じん性を決めるのであれば，別の材料試験の方法が必要となる．その後，この議論は下火となっている．

　報告書によれば，この橋のほかの部位にも数多くの疲労亀裂が発見されている．この橋の大きな亀裂の破面には疲労亀裂としての重要な痕跡であるストライエーションが認められなかったことは事実であるが，疲労が関係しなかったかどうかについては，著者には不明である．

6-6　トラス橋の崩壊：米国ミネアポリス I-35W[10), 11)]

　2007年8月2日午後6時5分，米国ミネソタ州ミネアポリスで高速道路I-35Wがmississippi川を渡る橋梁が突然崩壊して50台以上の車が転落し，死亡13人を含む多くの負傷者が出た（図-6.8）．8車線の上路形式3径間連続トラス橋で，中央径間139m，崩壊したトラス橋部分の長さは324mである．供用は1967年に行われており，通行量は14万台/日である．本橋の点検は1993年までは2年ごとに，それ以降は毎年実施されている．2006年には破壊クリティカル点検が実施され，腐食，床組の疲労，溶接不良，支承の機能低下などが指摘されている．

　事故の数日後にはウェブ上に同様なトラス橋の一覧が載せられ，また，それらについての全国調査が指示されたことは見習うべきことである．事故の原因調査は国家運輸安全委員会（NTSB）により行われ，その報告書はウェブに公開されている（図-6.9）．NTSBは米国における輸送に関連する事故を調査し，勧告を行う独立の国家機関である．

　報告書によると，トラス上弦材側のU10ガセットが破壊し，3～4秒のうちに全体が崩壊したとされている．ガセット板はせん断によりリベットに沿って破断している．この事故の前に行われた点検において，このガセットが上弦材のエッジに沿った形に面外方向に変形していることが報告されている．解析によればこのガセットが破断すると全体の崩壊に至る．ガセットは外当て形式である（図-6.10）．この破壊の原因としてガセットU10の板厚が必要な板厚の1/2程度しかなかったこと，すなわち，設計ミスと判断されている．同様

（a）崩壊前

（b）崩壊翌日．隣接する10番街橋より北を望む

図-6.8 米国 I-35W mississippi川橋梁の崩壊

図-6.9 報告書，パワーポイント版の表紙

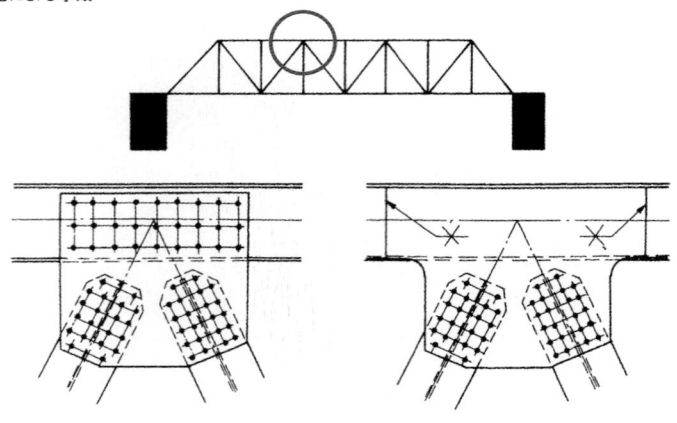

　（ａ）外当て方式（米国で多い）　　（ｂ）弦材ウェブ一体方式（日本で多い）

図-6.10　トラスの格点に用いられるガセット

　なガセットの板厚の不足は，同様な位置のガセットにもある．また，同じコンサルタントの設計による他のトラス橋においても，同様なガセットの板厚に不足が発見されている．設計ミスというよりも，思い違いというべきかもしれない．

　30年以上の供用においてこのような設計ミスによる不具合が事故につながらなかったことが不思議である．過去に実施されてきた点検ではガセットの曲がりが報告されているが，それが設計ミスによる板厚不足であるとの認識はなかったようである．

　事故時，床版の補修工事のため8車線のうち4車線の通行規制がなされており，そのための機材が橋の上に山積みされていた．建設機械と資材の重量合計は261トンであった．しかも，機械と資材が山積みされていた場所がたまたま板厚の不足するガセットに高い力を生じさせる位置であったとのことである．なお，この事故の報告書は，報告会で使用されたパワーポイントを含めて，すべてウェブ上に公開されている．

〔参 考 文 献〕
1）西村俊夫，三木千壽：引張応力に起因する鋼橋梁の変状，土木学会誌（1975.11）
2）奥村敏恵：鋼橋破壊の諸問題，カラム，No. 21（1967）
3）Engineering（June 17.1938）
4）Enginnering（March 3.1939）
5）Engineering（April 7.1939）

6）Ronald B. Madison, Geoge Irwin : Fracture Analysis of King's Bridge, Melbourne, journal of Structual Division, ASCE（Sept.1971）

7）J.W.Fisher：Fatigue and Fracture in Steel Bridges（1984）John Wiley & Sons，阿部英彦，三木千壽訳監修：鋼橋の疲労と破壊，建設図書（1987）

8）Highway Accident Report HAR-84-03, Collapse of a Suspended Span of Interstate Route 95 Higway Beidge over the Mianus River（1983）

9）J.W. Fisher, et-al., Hoan bridge Forensic Investigation Failure Analysis Final Report, Wisconsin DOT and FHWA（2001.6）

10）Highway Accidnt Report HAR-08-03, Collapse of I-35W Highway Bridge（2008）

11）Carl R. Schultheisz : Gusset Plate Inadquacy, National Transportation Safety Boad, Office of Research and Engineering（2008）

第7章

国内での大規模疲労対策プログラム

首都高速道路鋼製橋脚の補修・補強.
4号新宿線平河町の橋脚. 2本の箱桁を1本の橋脚で支える構造であり, 橋脚と箱桁の接合部と箱桁を連結する横梁に疲労亀裂が発生した.

7-1　ピン結合鉄道トラス橋

7-2　東海道新幹線橋梁の疲労設計と疲労損傷の発生

7-3　東海道新幹線のリハビリテーションプログラム

7-4　日本の道路橋の疲労

7-5　鋼製橋脚隅角部の疲労

7-1 ピン結合鉄道トラス橋[1]

　わが国の鉄道のトラス橋*は，1930年ごろまで，米国，英国，ドイツなどから輸入されていた．1950年代に，米国から輸入された複数のピン結合のトラス鉄道橋に疲労変状が発生した．**図-7.1**は1953年6月18日に発見された東海道本線富士川橋梁の斜材の破断である[1,2]．この橋梁はクーパー型と呼ばれる下路トラスの9連で構成されており，変状はそのうちの1連で発生した．クーパー型トラスは1900年ごろから1913年にかけて米国で製作され，多数

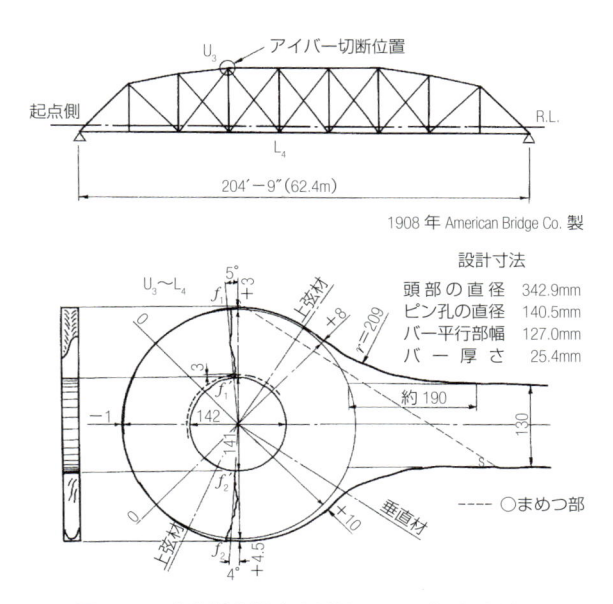

アイバー切断位置

起点側　　　R.L.

204′-9″(62.4m)

1908年 American Bridge Co. 製

設計寸法

頭部の直径　342.9mm
ピン孔の直径　140.5mm
バー平行部幅　127.0mm
バー　厚　さ　25.4mm

---- ○まめつ部

図-7.1 東海道本線富士川橋のアイバー切断状況

＊トラス橋とは桁部分にトラス構造を使った橋である．トラスとは細長い骨組部材を3角形状に連結した構造であり，骨組部材，特に斜材の組み方の違いで様々な形式に分類される（**第6章脚注**）．構造計算では，骨組部材の両端部はピン結合されていると仮定され，回転拘束がないため，部材には軸力のみが生じると考える．実際の構造でも，古い時代は骨組部材の両端部はピン結合で結合されており，骨組部材の両端にはピン結合のための孔が設けられている．したがってその形状から骨組部材はアイバーと呼ばれ，それで構成されたトラスはアイバートラスと呼ばれる．古い吊橋はケーブルではなく，アイバーをつないだチェーンで支えられている（Point Pleasant橋，隅田川の清洲橋など）．

鉄道橋のトラス桁は，建設初期には，英国や米国において設計，製作され，わが国に輸入された．その中で，1883年に来日した英国のPownall氏の設計した径間100フィートおよび200フィートのポーナル型トラスは300連を超えている．その後，標準設計を米国のCooper氏，Schneider氏に依頼し，径間100フィート，200フィート，300フィートのクーパー型トラスが誕生した．これらはほとんど米国のAmerican bridge社で製作され，1899年から1912年にかけてわが国に輸入された．その数は190連余である[2]．

輸入されたピン結合プラットトラスであり，引張材である主斜材，それにクロスする対材および下弦材にアイバーが使用されていた．使用開始後44年での事故である．破断は左主構のU3L4斜材で，2本あるアイバーのうちの内側のアイバーが上格点のピン孔を含む断面で切断しているのが発見された．腐食はほとんど認められない．もしも外側のアイバーも切断すれば落橋に至るところであった．

　幹線の重大な事故のため，破断したアイバーの材質調査や実大のピンに対する疲労試験を含む広範囲な研究が行われた．その報告によれば[2]，アイバーの材質は現在のSS400材とほぼ同じであり，クーパー型トラスのアイバーは引張試験を行えば平行部で壊れるが，疲労試験ではピン孔断面で破断すること，アイバーの疲労強度は200万回で150MPa程度であることなどが明らかにされている．

　この事故が発生するまでの推定列車通過回数は約82万回であり，この程度の繰返し数で疲労破壊するような応力は，計算上は出てこないとされている．ピン結合のトラスではピン孔部で摩耗が生じ，部材が弛緩することがしばしば報告されており，そのような場合には繰返し応力が高まる可能性がある．

　ピン結合クーパー型トラスの斜材の破断は1949年2月に羽越本線第2最上川橋梁（下路トラス，径間200ft，完成後35年），1951年7月に羽越本線黒部川橋梁（下路トラス，径間200ft，完成後41年），1951年10月に東海道本線木曽川橋梁（下路トラス，径間150ft，完成後41年），1963年9月に中央西線子野川橋梁（上路トラス，径間200ft，完成後55年）で発見されている．第2最上川橋梁と黒部川橋梁では，腐食が甚しいと報告され，アイバーの首部で破断している．しかし，子野川橋梁では腐食はほとんどないとされているのにアイバーの首で破断している（図-7.2）．アイバーの破断が首部か孔部かについては孔とピンとの接触状態や腐食などにより決まってくると考えられる．

　幹線のピン結合トラスは順次新しい橋梁に取り替えられ，健全性が確認された橋梁については，別の路線で2度目あるいは3度目の役割を果たすようになる．図-7.3はJR東日本左沢線最上川橋梁である．この橋梁は，東海道本線の天竜川橋梁で使われてきたものであり，撤去後，改造して使用している．また，疲労の原因は斜材の緩みにあるとのことから，斜材を加熱し，圧縮することにより，部材長さを短縮し，弛緩を矯正する工事も行われている（図-7.4）．

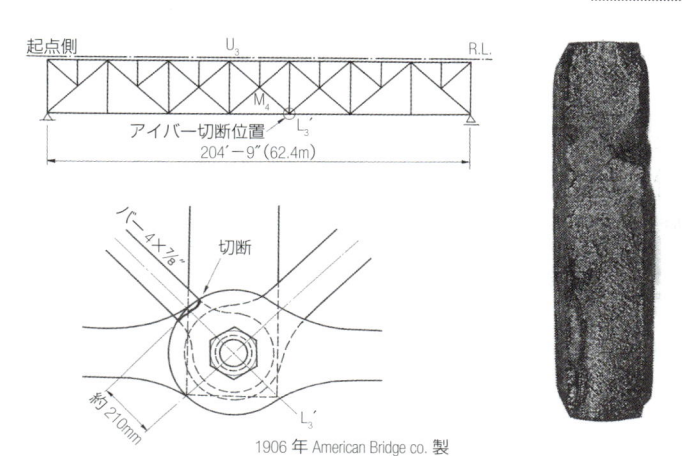

図-7.2 中央本線子野川橋梁のアイバー切断状況

図-7.3 JR東日本左沢線最上川橋梁. 東海道本線の天竜川橋梁として使われていた（鉄道総合技術研究所提供）

図-7.4 トラス斜材短縮工事

　構造設計における仮定と実際の挙動との差異は構造物の性能を考えるうえでの重要なポイントである．トラス構造は原理としては部材同士をピンで連結した骨組構造である．ピンで連結しているということは部材間では回転自由，すなわち，部材には軸力しか作用せず，曲げなど生じない．ピン結合トラスでは腐食により回転機能が失われて曲げが生じるようになる．

　部材間の結合構造はトラス構造の最も重要な要素である．時代が進んでトラス構造の部材はガセット板を介してリベットで結合されるようになり，1960年代からリベットはボルトに代わってきた．

7-2　東海道新幹線橋梁の疲労設計と疲労損傷の発生

　東海道新幹線の鋼橋設計における最大の特徴は溶接構造を全面的に採用したことである．当時としては大変な橋梁建設技術のイノベーションといえよう．構造物設計の基本方針として3S (Standard, Simple, Smart) が掲げられ，可能な限りの経済性が追及された[3]．それまでに溶接を多くの桁の補強工事に使ってきた実績，溶接技術の向上とこれに伴う製作単価の低減を期待してのことである．

　東海道新幹線の鋼橋の疲労設計には「溶接鋼鉄道橋設計示方書案」（1960年）が適用された（105ページ参照）．そこでは継手を5分類し，それぞれの200万回疲労許容応力度を疲労限界とし，活荷重応力がそれらを超えないことを照査している．さらに設計標準活荷重16トンに作用修正係数1.125を乗じた18トンを疲労照査用の活荷重としている[4]．これは新幹線については機関車荷重を対象としている在来鉄道に比べて繰返し数が著しく多くなるので，そのことに対応した措置である．実に的確な工学的判断といえよう．

　東海道新幹線の鋼橋の疲労損傷は供用開始後10年から報告されている[5]．新幹線の橋梁に発生した疲労損傷の概要を図-7.5に示す．新幹線の橋梁に疲労亀裂が発生したことは，関係技術者や研究者にとって衝撃的な出来事であった．東海道新幹線の橋梁に発生した疲労損傷は，プレートガーダーにおける主桁と横桁，横桁と縦桁，トラス橋の床組構造における横桁と縦桁など，直交する部材の交差部の接合ディテールに発生しており，後で述べる疲労の分類上では「変位誘起型の疲労」や「2次応力に起因する疲労」である．いわゆる疲労

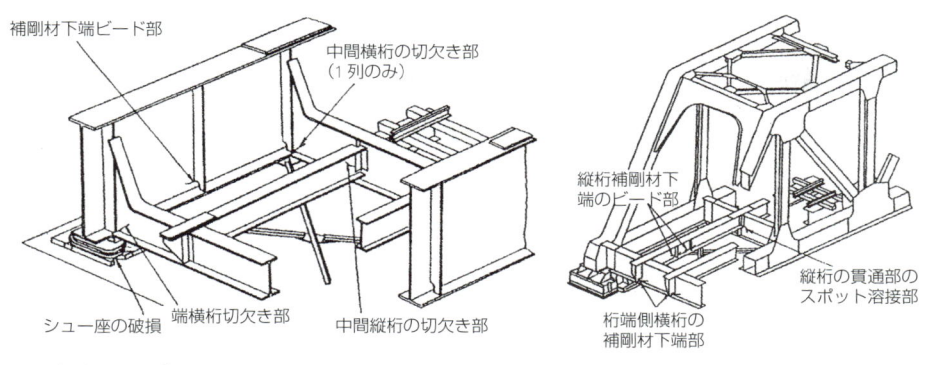

補剛材下端ビード部
中間横桁の切欠き部
（1列のみ）

縦桁補剛材下端のビード部

縦桁の貫通部のスポット溶接部

桁端側横桁の補剛材下端部

シュー座の破損
端横桁切欠き部
中間縦桁の切欠き部

（a）下路プレートガーダーに発生した疲労亀裂　　　（b）下路トラスに発生した疲労亀裂

図-7.5　東海道新幹線の橋梁に発生した疲労損傷の概要

設計の対象である１次応力（設計公称応力）による疲労は生じていない.

新幹線の橋梁に特徴的な疲労としては振動疲労が挙げられる. これは列車が高速で通過する際に，桁の下フランジが水平方向（橋軸直角方向）に振動し，その結果としてウェブに取り付けられている垂直補剛材の端部に疲労亀裂が発生する（**図-7.6**）. 箱桁の内部に設けられているダイアフラムでもその面外方向に太鼓のような振動が生じ，リブとの交差部で疲労が生じる. これらの下フランジの水平方向あるいはダイアフラムの面外方向の振動は，列車の速度があるレベルになると突然発生することから，共振現象である. **9-4-1**に詳しく説明する.

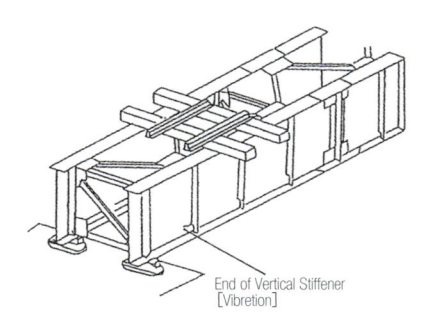

End of Vertical Stiffener
[Vibretion]

図-7.6　桁下フランジの橋軸直角方向の振動により生じた疲労

第7章 国内での大規模疲労対策プログラム

7-3 東海道新幹線のリハビリテーションプログラム

東海道新幹線の橋梁に発生した変位誘起型の疲労や2次応力による疲労，振動疲労は，当時の疲労研究では世界的にも話題にされたことはない新しい問題であった．それらについては，原因となる2次応力や変位を軽減するように継手部の改善などによる対策が取られている．また，後述する大規模修繕の疲労対策の対象でもある．構造ディテールが標準化されていることから，どこかの橋梁で損傷が発見されると全橋梁を対象として集中的に点検を実施できること，また，補修・補強対策も標準的に実施できることなどの利点がある．

東海道新幹線では，列車の運行数，列車の車両数，定員を超える乗車等が設計時の想定に比べてはるかに厳しいことから，疲労設計の対象となった継手についても，経年が進むにつれて疲労損傷の可能性があるとの認識は，早い時期から持たれていた．

東海道新幹線の橋梁の疲労損傷を防止するための大規模なプログラムのきっかけは1982年の鉄道橋設計標準[8]での疲労設計の改定にある．代表的な溶接継手部について，東海道新幹線の設計に適用された1960年の設計示方書案

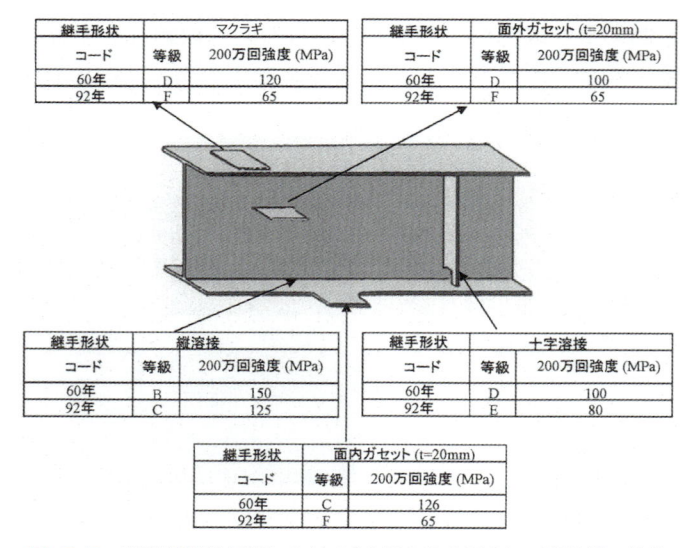

継手形状	マクラギ		
コード	等級	200万回強度 (MPa)	
60年	D	120	
92年	F	65	

継手形状	面外ガセット (t=20mm)		
コード	等級	200万回強度 (MPa)	
60年	D	100	
92年	F	65	

継手形状	縦溶接		
コード	等級	200万回強度 (MPa)	
60年	B	150	
92年	C	125	

継手形状	十字溶接		
コード	等級	200万回強度 (MPa)	
60年	D	100	
92年	E	80	

継手形状	面内ガセット (t=20mm)		
コード	等級	200万回強度 (MPa)	
60年	C	126	
92年	F	65	

図-7.7 鉄道橋設計標準における1960年と1982年の設計値の比較

と現行の鉄道橋設計標準（1992年）における疲労許容応力設計値を**図-7.7**に示す[1]．1982年の設計標準での疲労設計規定では，多くの継手でそれまでの設計標準での設計値から低い値に変更されている．これは本州四国連絡橋公団による大型疲労試験の結果を反映させたものである．しかも1960年の疲労設計での200万回強度は疲労限界であるのに対して，1982年の200万回強度は疲労限界ではなく，疲労限界はさらに低いことを考えれば，この図よりさらに大きな疲労許容応力度の引下げであるといえる．

　特に，フランジやウェブに取り付けられるガセット継手部の疲労許容応力は1/2程度の値まで下げられている．また，マクラギ受けやカバープレートの取付け部なども，1960年当時の設計値は今からみればかなりの危険側の設定であったといえる．このことは，もしも設計で想定した程度の活荷重応力が実際に継手部に生じているのであれば，既設の構造物について疲労の危険性が高まることを意味している．したがって何らかの対応が必要となり，リハビリテーションプログラムが開始された[6]．

　プログラムの最初のステップは，橋梁部材に実際に発生している応力の把握である．一般的に，橋梁構造に実際に生じる応力は設計応力に比べてかなり低い．その理由は，構造部材と考えなかった部材が力を分担することや，設計計算での例えば単純支持梁との仮定や部材同士の連結での仮定などに起因している．鉄道橋ではレールが上フランジと同程度の断面を有することから荷重を負担すること，レールにより荷重が分散されること，断面計算には含まれていない床組などの部材が荷重を分担することによる．同一の荷重下で，橋梁部材に実際に生じる応力と設計計算応力との比を実応力比と呼び，疲労照査などに用いている．**図-7.8**[7]は鉄道橋での実応力比であるが，床のない鉄道橋（無道床）でもその値は1にはならず0.5〜0.7程度が多い．このような結果から1991年度版の鉄道構造物等設計標準では設計計算応力補正係数として0.85を採用している[8]．

　以上のことから，設計時の疲労設計が今からみれば十分ではない，「既存不適格問題」に対して，実際に桁に生じる応力をベースとして疲労を照査することで対処している．そのために東海道新幹線の全鋼桁（約1,400連）について，詳細な点検と応力測定を含む疲労照査が実施された[4]．その結果，**図-7.9**に示した継手ディテールのうち，下フランジに溶接で取り付けられたガセット継

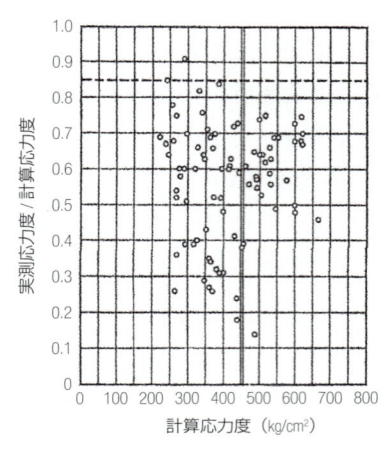

図-7.8　鉄道橋での実応力比[8]

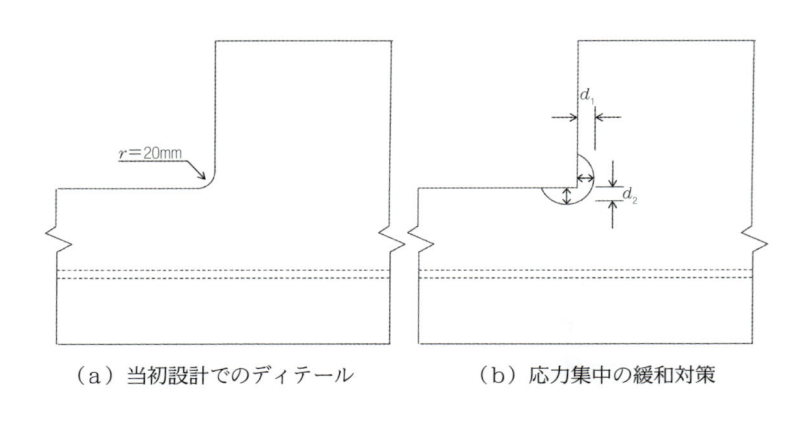

（a）当初設計でのディテール　　　　（b）応力集中の緩和対策

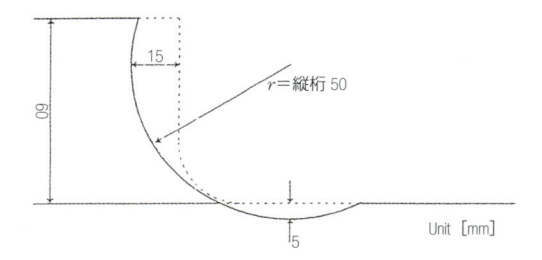

（c）フランジガセットの端部を機械的に切り込むことによる疲労強度改善

図-7.9　フランジガセット取付け端部の応力集中の低減による疲労強度改善

手部（フランジガセット）については疲労強度を高める，あるいは応力を下げる必要があると判断された[9]．

　フランジガセット継手部の疲労強度を改善させる方法としてはコーナー部の応力集中の緩和が考えられる．応力集中を緩和するにはガセットプレート側とフランジ側に削り込んでいくことが考えられる（図-7.9でのd_1およびd_2）．実際の橋梁ではフランジにカバープレートが取り付けられている場合が多く，d_2の削り込み幅には限界がある．カバープレートとフランジの幅の差は30mm程度であり，したがってフランジ母材方向への削り込み幅d_2は最大で15mmとなる．ガセット方向への削り込みも下横構部材で制限を受ける．これらの検討より，半径Rが50mmまでは削り込み加工が可能であることが明らかになった．

　詳細な応力解析や疲労試験から，半径を50mmとした削り込み加工の効果が確認され，既設の鋼桁のフランジガセット取付け部に対するレトロフィットとしては半径50mm程度の円弧上の加工を施すことが決定された．また，アトラーなどの通常の孔開け機では孔の中心軸が板の外となり，しかもここで考えているごく浅い円弧状の切欠きを加工することは難しい．図-7.10は新たに

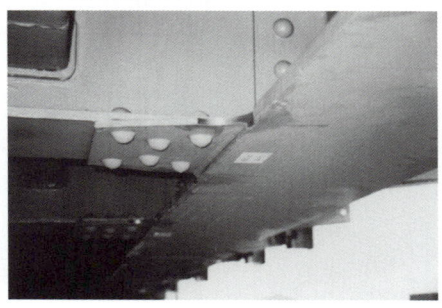

図-7.10 フランジガセット端の加工

開発した装置を用いてガセットの端部に半径60mmの機械切削を実施しているところである．このフランジガセット取付け部については，疲労亀裂の発生を待たず，順次，予防保全としての疲労強度改善対策が進められている．

　2013年1月にJR東海は，東海道新幹線の橋梁やトンネルの大規模改修を5年前倒しして当年4月に始めると発表した．これは2003年に策定された特別財源を用いての大規模改修計画の変更である．そこでは15年間，年間500億円を補修費用として積み立てて，15年後から橋の架け替えなど大規模な改修を想定していた．

　今回発表された大規模改修プログラムでは，既存設備を補修して同等の強度を確保する新工法を採用するなどにより，改修費用も従来計画の1兆971億円から7,308億円とより大幅に抑制するとのことである．橋の架け替えはなく，しかも列車の運行に影響することなく実施するとしている．

　この大規模改修における鋼橋での主要な対象はトラスの横桁と縦桁の連結部であり，連結部に生じる2次応力を連結部の構造改善で一気に解決しようとするものである（図-7.11）．支承部のソールプレートの取付け部も大規模改修

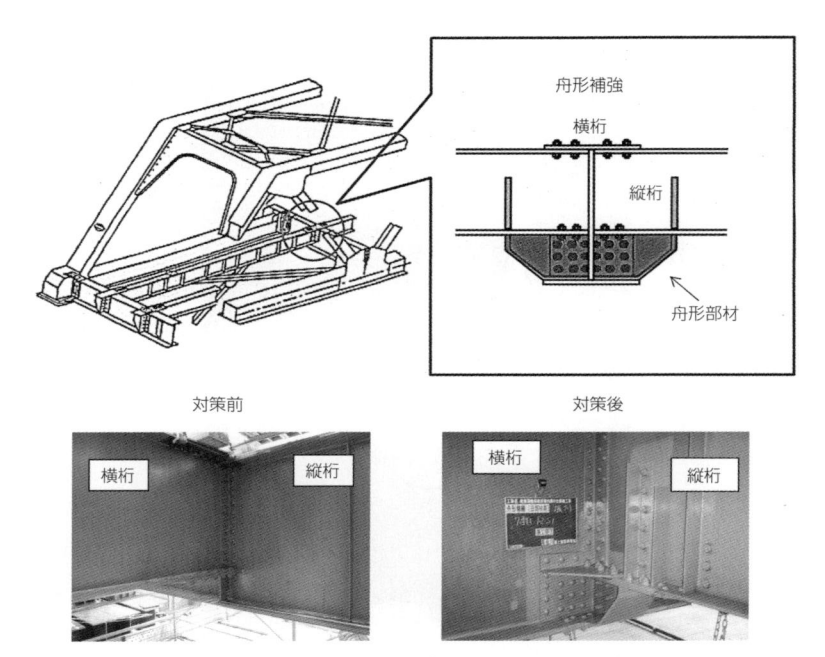

図-7.11　東海道新幹線トラス橋の構造改善

の対象とされている．対象箇所は疲労亀裂の有無にかかわらず構造改善されることになっている．いわゆる予防保全的な措置である．

7-4　日本の道路橋の疲労

道路橋示方書では，2001年まで「鉄道との併用橋と鋼床版を除けば疲労の照査は必要なし」とされてきた．2001年の示方書の改定で「鋼道路橋の設計に当たって疲労の影響を考慮すること」とされ，2002年に「鋼道路橋の疲労設計指針」が発行された．しかし，道路橋示方書の本文に疲労設計の条文が入ったのは2012年からである．このあたりの判断の遅れが現在の深刻な疲労問題につながった可能性は高い．疲労設計には，応力に従った構造設計に加えて，製作時の品質管理も強く関係していることに注意が必要である．

文献を調査してみると，1960年代に当時の建設省土木研究所で疲労の研究が行われ，溶接継手部の疲労試験結果などが公表されている．しかし，研究の結果として出された結論は，「疲労については構造ディテールをきちんとすることで，十分対処することが可能である．設計活荷重（TL-20）は実態に比べて十分に安全であり，特に疲労設計を行うことは必要ではない」であった．事実，1960年代に道路橋に発生した疲労問題は，活荷重による疲労ではなく，風によりアーチ橋の垂直材にカルマン渦が励起され，部材の端部が疲労破壊した事例などである（図-7.12）[10]．しかし，1970年代に入ると，阪神高速道路，首都高速道路，東名高速道路，幹線の国道などでかなりの数の疲労損傷が報告されるようになり，個別対応で疲労対策が行われている[11]．

1990年代に入り，道路橋関係者の間でも疲労に対する関心が高まり，日本道路協会橋梁委員会鋼橋小委員会の下に鋼橋の疲労WGが設置され，その成果としてそれまでに日本の道路橋で発生した疲労損傷をまとめて，1997年5月に「鋼橋の疲労」[12]が発行された．また，そのWGは鋼橋疲労設計WGとして再編され，2002年3月に「鋼道路橋の疲労設計指針」[13]が発行されている．もともとこの指針は道路橋示方書の一部とするために用意されたものであるが，上位の委員会で日本の道路橋の設計に疲労条項を入れることは時期尚早であるとの判断がなされたことにより，指針として公表された．2012年には指針の内容は道路橋示方書の本文に取り入れられたが，指針に含まれている

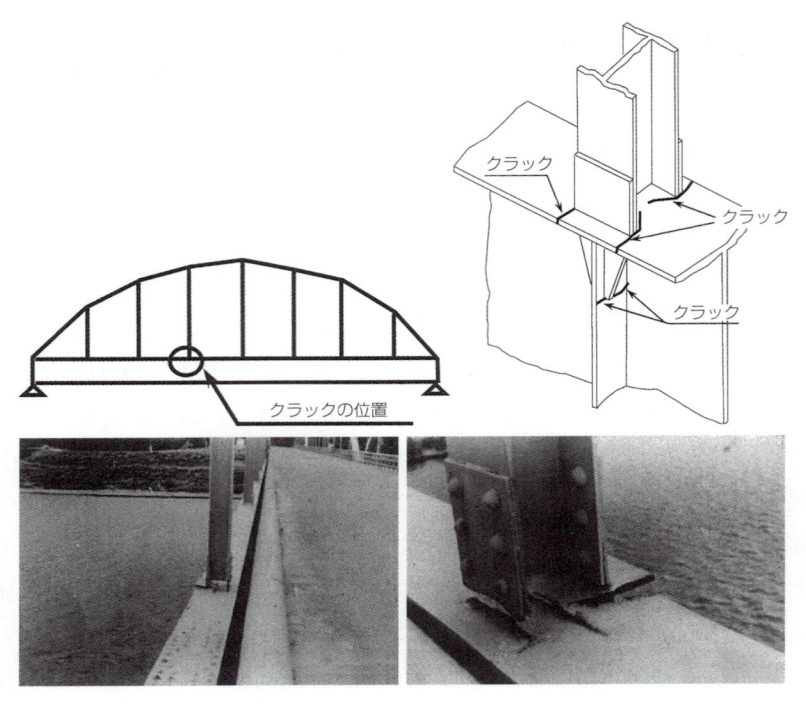

図-7.12　ランガー桁の垂直部材（吊り材）の端部に生じた疲労亀裂

内容の一部が欠落しており，それだけでは疲労照査には不十分ではなかろうかと考えている．

7-5　鋼製橋脚隅角部の疲労 [14), 15)]

都市高架道路の鋼製橋脚隅角部の疲労亀裂の補修・補強対策はその損傷箇所の数，影響度の高さ，さらには技術的な困難度からみて，世界的にトップレベルの疲労レトロフィットプロジェクトであったといえる．首都高速道路だけでも約2,000基の鋼製橋脚があり，そのうちの約700基の橋脚に疲労と考えられる亀裂が発見されている．それらの大部分は製作不良が主な原因とされている．全国には5,000基を超える鋼製橋脚があるといわれている．それらはほぼ同じような設計と製作基準で検察されたため，抱える問題も同様といえる．

鋼製橋脚隅角部に発生した疲労亀裂は隅角部の溶接が部分溶け込み溶接であ

る場合のルート部や，溶接棒が届かない狭隘な位置で溶け込みが不完全な未溶着部を起点としていることが特徴である．すなわち，今までに実橋に発見されている多くの疲労亀裂は，応力条件が厳しい溶接止端部などの表面から発生しているのに対し，隅角部の亀裂はいわゆる内部欠陥から発生することから，その亀裂が発生・進展して構造物の表面に現れる位置や形状は従来の疲労亀裂とは異なっている．また，このような亀裂は溶接内部で進展するため，内在している欠陥の形や大きさによっては，表面に現れた時点ではかなり大きな寸法の亀裂に成長している可能性が高い．このような欠陥は，板組や組立て手順，開先の形状など，設計や製作における事前の決定事項によることから，それらにかかわる技術者の責任は重い．

　図-7.13は鋼製橋脚の疲労の研究の始まりとなった首都高速3号線池尻ラン

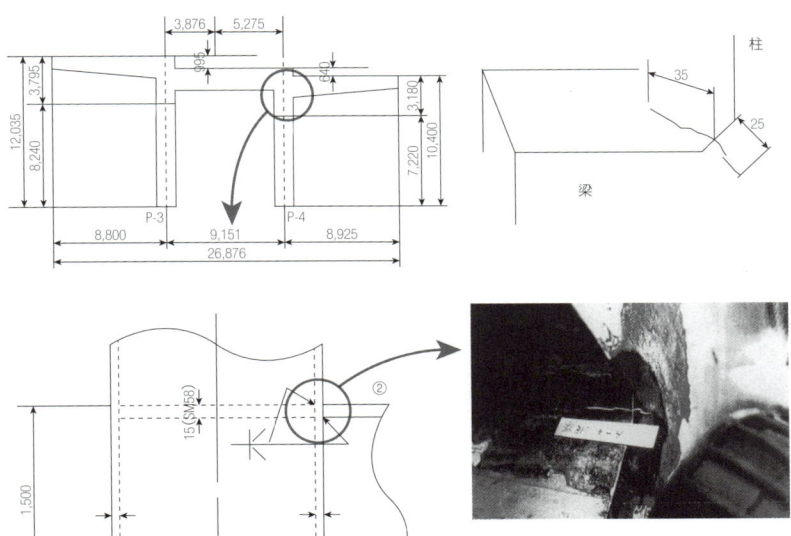

図-7.13　首都高速道路で最初に疲労亀裂が発見された事例

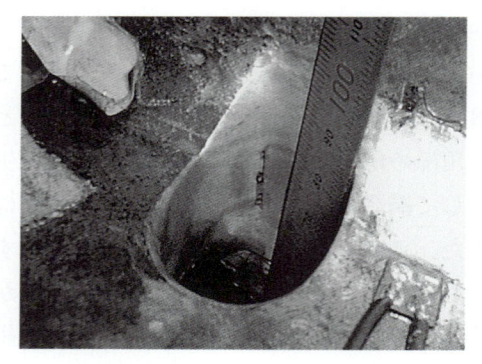

東側ストップホール西側　　　　西側ストップホール東側

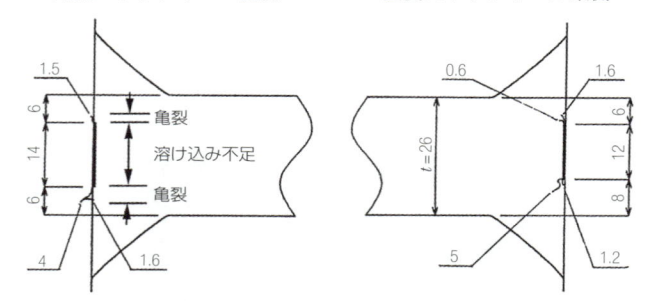

図-7.14　観察孔による溶接ルート部と疲労亀裂の検査

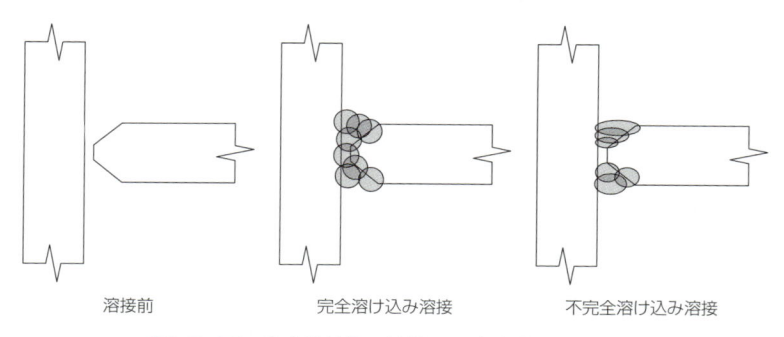

溶接前　　　　　完全溶け込み溶接　　　　不完全溶け込み溶接

図-7.15　完全溶け込み溶接と不完全溶け込み溶接

プの鋼製橋脚である．橋脚の柱と梁の交差部を隅角部と呼ぶが，隅角部のコーナーに亀裂が発見された．この亀裂を調査すると，その起点は鋼板の内部であり，水平の板（フランジ）と垂直の板（ウェブ）を接合する溶接の底面（ルート）から発生していた（**図-7.14**）．鋼製橋脚では，本来，断面全部に溶接されているはずの継手（完全溶け込み溶接：**図-7.15**）が実際はされておらず，板の内部に

残されていた未溶接部との境界（ルート）から疲労亀裂が発生し，進展していた．この亀裂は溶接のルートに沿って板の内部で成長するため，表面での長さよりもはるかに長い亀裂が板の内部に存在することになる．この亀裂については，横梁の上面の表面で55mm，側面の表面で28mmであったが，溶接に沿って

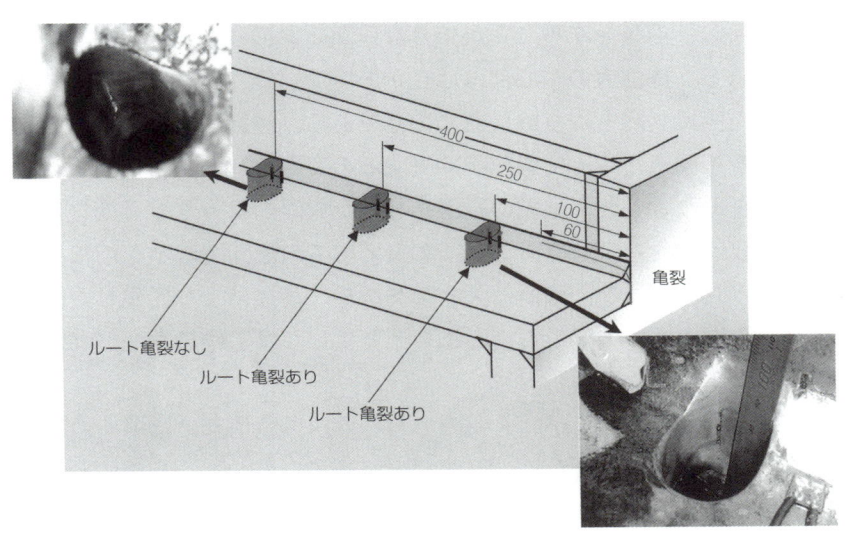

図-7.16 実際は未溶接部の存在：溶接ルート部からの疲労亀裂

図-7.17 隅角部に高力ボルトで添接板が取り付けられた鋼製橋脚

数カ所の孔を開けて観察したところ，板の内部では300mmを超える長さに成長していることが明らかになった（図-7.16）.

　疲労亀裂が発見された首都高速道路などの鋼製橋脚の隅角部には高力ボルトにより板が添接されている（図-7.17）. これらの板は隅角部を補強するものである. 本来は板厚全部について溶接されなければならないものが溶接されていない. しかし，溶接をすることができないからあのような補強構造となってしまうのである. 補強板の中心部には孔があいている. これは疲労亀裂とその原因となった溶接欠陥を取り除くための孔である. 歯科の虫歯の治療と同様であり，周りを補強したうえで患部を除去するのである（図-7.18）.

　亀裂部分を取り除くと，亀裂の原因となった欠陥がはっきりと姿を現してくる. 図-7.19はそれらの例であるが，本来すべての断面で健全な溶接で一体化されていなければならない箇所に大きな空洞や，溶接により発生した割れなどが存在し，そのような欠陥から疲労亀裂が発生し，構造物の表面に向かって成長している様子がよく分かる.

　どうしてこのようなことが起きたのであろうか. 隅角部には多くの板が集まり，それらの板と接合するための溶接も錯綜してくる. しかも，柱も横梁も箱断面である. このような構造体を，板をどのように構成してどのように組み立てるか（板組）は設計者の判断による. 図-7.20は隅角部の板組の例である. このようなモデルを作ってみると，溶接が極めて困難になる箇所が存在すること

図-7.18　隅角部の欠陥と疲労亀裂の除去

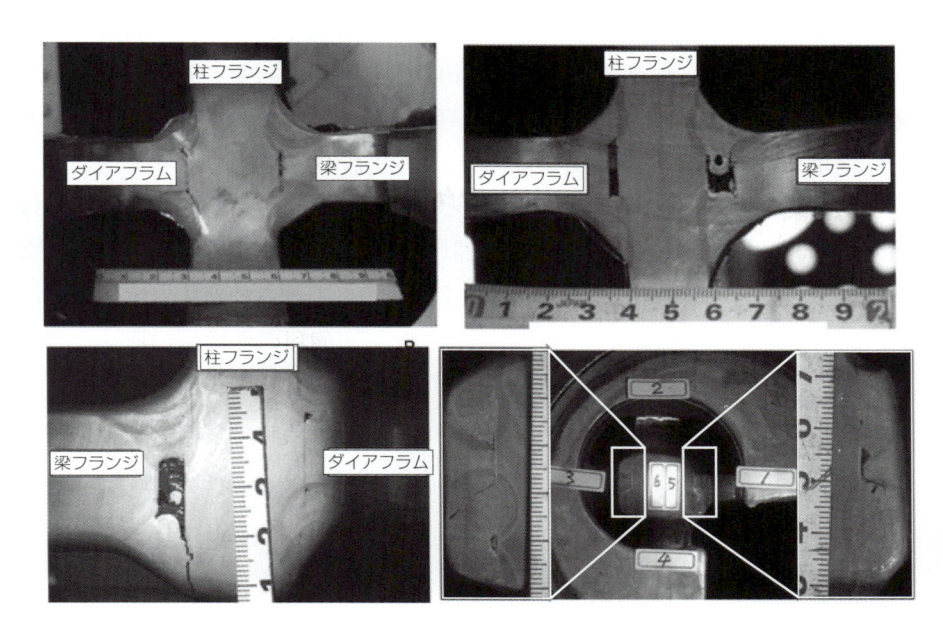

図-7.19 コア抜き後の溶接状態の観察

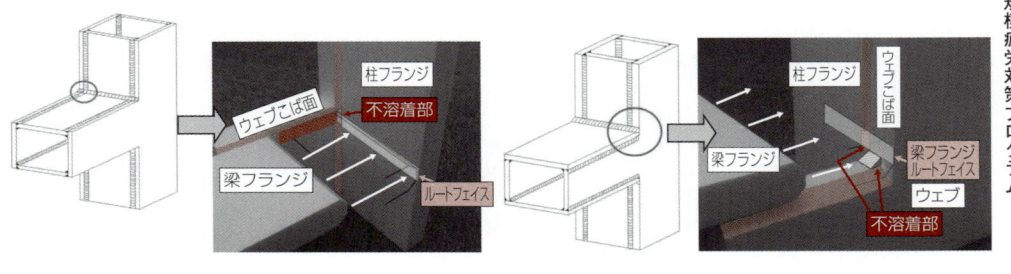

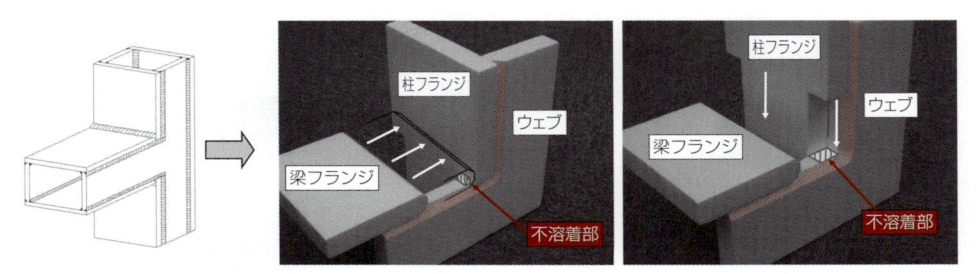

図-7.20 発泡スチロールモデルを用いての板組みに起因する固有欠陥の導入（角柱）

に気がつく．箱断面の柱と梁により構成される橋脚は1960年代から製作されているが，設計者，製作者の誰もこの問題を指摘しなかったことは驚きとしかいえない．もっとも，このような溶接の不具合は疲労にのみ関係し，いわゆる静的な荷重に対する強度には関係しない．「疲労設計は考慮しなくてよい」としてきた道路橋示方書にその原点があるともいえる．しかし道路橋示方書では溶接欠陥はあってはならないとされ，設計で完全溶け込みとされている溶接を勝手に部分溶け込みに変更して製作することは決して許されることではない．

〔参 考 文 献〕
1）西村俊夫，三木千壽：引張応力に起因する鋼橋梁の変状，土木学会誌（1975.11）
2）西村俊夫：ピン結合鉄道トラス橋の変状とその対策，鉄道技術研究報告No.483（1965.7）
3）構設史編集研究会編：鉄道構造物を支えた集団，日本鉄道施設協会（2009.9）
4）伊藤文人，近藤時夫，阿部英彦：全国新幹線網用構造物の疲労を考慮する場合の許容応力度，構造物設計資料，No.32, pp.1344〜1348（1972.12）
5）野沢太三，山田幸男：新幹線橋梁の現状と諸問題，鉄道土木，Vo.19, pp.162〜172（1977）
6）Kenji Sakamoto, chitoshi Miki, Atsushi Ichikawa, Makoto Abe: Vibration Fatigue of Steel Bridges of the Bullet Train system, IABSE workshop, Lausanne, pp.157-166（1990）
7）日本鋼構造協会編：鋼構造物の疲労設計指針・同開設，技報堂出版（1993.4）
8）鉄道構造物等設計標準（1991）
9）三木千壽，杉本一朗，鍛冶秀樹，根岸裕，伊藤裕一：既設鉄道橋のフランジガセット取付け部の疲労強度向上に関する研究，土木学会論文集，No.584I-42, pp.67〜77（1998.1）
10）成田信行：風による橋梁部の振動，橋梁と基礎（1971.9）
11）土木学会鋼構造委員会疲労変状調査委員会：鋼橋の疲労変状調査，土木学会論文集，No.368I-5, pp.1〜12（1986.4）
12）日本道路協会：鋼橋の疲労（1997.5）
13）日本道路協会：鋼道路橋の疲労設計指針（2002.3）
14）三木千壽，平林泰明，時田英夫，小西拓洋，柳沼安俊：鋼製橋脚隅角部の板組構成と疲労亀裂モード，土木学会論文集，No.745 / I-65, pp.105〜119（2003.10）
15）三木千壽，平林泰明：施工の不具合を原因とする疲労損傷，土木学会論文集A, Vol.63, pp.518〜532（2007.7）

第 4 部

事故を防ぐには

橋はどの程度の年数について機能を発揮するように設計されているのであろうか．設計での寿命の考え方，構造材料の設計，橋に作用する外力の面から，橋の寿命を考える．

第8章

溶接構造物の疲労照査の方法

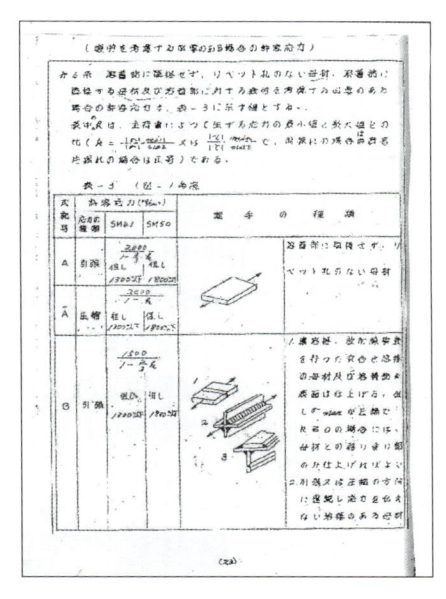

東海道新幹線の設計に用いられた「溶接鋼鉄道橋設計示方書案」（昭和35年7月）．
わが国初の溶接構造の疲労設計規定．

8-1　溶接継手部の疲労

8-2　公称応力範囲ベースの疲労設計

8-3　米国Lehigh大学の大型疲労試験

8-4　本州四国連絡橋公団の疲労試験（本四疲労）

8-5　その後の日本での疲労設計の流れ

8-6　局部応力ベースの疲労照査

8-7　理解できない疲労対策

8-8　疲労照査のポイント

　鋼橋技術50年の技術変遷は「溶接をいかにうまく使いこなすか」であり，疲労と破壊の制御は構造物の安全性確保，特に経年による劣化での中心的な課題であり続けた．とりわけ溶接構造にとって，疲労は最も注意すべき破壊現象である．溶接構造の疲労研究の父と呼ばれる英国溶接研究所（TWI）のGurney博士は，「溶接構造物の故障の原因の第1は疲労である[1]」と述べている．

8-1　溶接継手部の疲労

　溶接継手部の疲労は，材料そのものの疲労とは大きく異なる．例えば，鋼材そのものの疲労強度は鋼材の引張強度が高まれば高くなるが，溶接構造物の疲労強度は鋼材の強度には依存しない．溶接継手部の疲労強度を支配する因子は，継手形状やディテールによって決まる応力集中，溶接残留応力，および溶接欠陥である．疲労亀裂発生点の局部応力が求まっても疲労強度の予測は難しく，また残留応力が大変強く影響する場合もあるし，ほとんど影響しないこともある．さらに，欠陥はそれが存在する位置により，その影響度は異なる．

　溶接部の疲労強度は継手要素を切り出した形の継手部試験体に対する疲労試験によって求められる（**図-8.1**）．

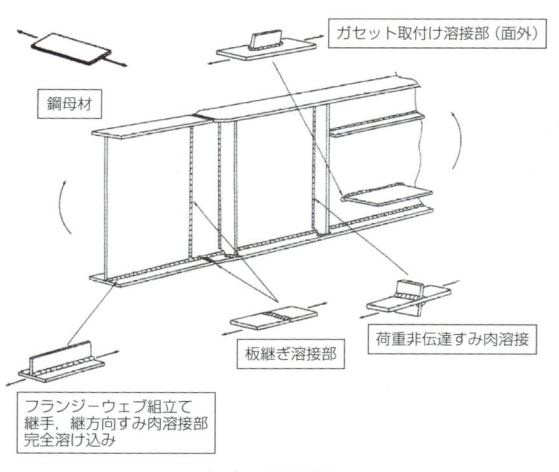

（a）疲労対策　　　　　　　　　（b）継手部の疲労試験風景

図-8.1　溶接桁の継手部と疲労対策

8-2　公称応力範囲ベースの疲労設計

　構造物の疲労設計で一般的な方法は，橋などの構造設計に使われる，いわゆる骨組解析と梁理論に基づいて計算される公称応力の範囲を用い（**図-8.2**），継手等級分類により設定した許容応力範囲による（**図-8.3**）方法である．すなわち計算された継手位置での応力の変動範囲（最大応力と最小応力の差：応力範囲と呼ぶ）が，継手部の等級ごとに定められた許容応力範囲以下となるように設計される．

　継手の等級分類は疲労試験の結果に基づいて決められる（**図-8.4**）．前述の疲労に対する影響因子のうちで最も強く影響するのは継手部の形状から決まる応力集中*であり，継手等級はほぼ応力集中の厳しさの順である．道路橋示方書では直応力に対してA-H'$_t$の9等級が設けられ，継手の形式ごとに等級が定

＊応力集中
　構造部材には必ず応力集中源が存在する．板に明けられた孔，形状の変化部，ガセットなどを溶接で取り付けた端部などである．応力集中の程度を表すために，応力集中係数と呼ばれる係数が用いられる．これは応力集中により生じた最大応力 σ_{max} と応力集中源が存在しないときの応力 σ との比で定義される．弾性理論に基づいた解析より，無限の幅の板中の丸穴に寄る応力集中係数は3である．

等方線形弾性体板を貫通するだ円孔に対して無限遠方から
一軸引張応力が作用するときの切欠き底の応力は，

$$\sigma_{max} = \left(1 + \frac{2\,a}{b}\right)\sigma$$

$\rho = b^2/a$ から

$$\sigma_{max} = \left(1 + 2\sqrt{\frac{a}{\rho}}\right)\sigma = \alpha\sigma$$

円孔板引張試験でのモアレ
写真（佐藤亘宏氏提供）

切欠きによる応力集中

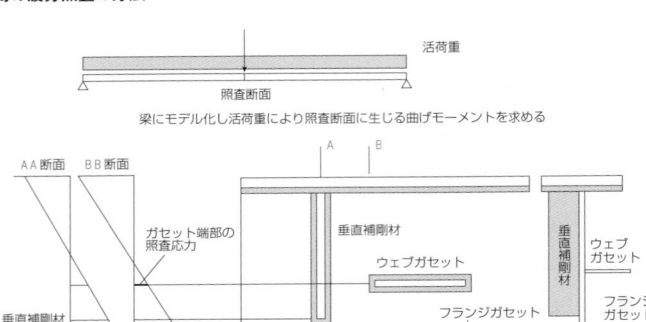

活荷重

照査断面

梁にモデル化し活荷重により照査断面に生じる曲げモーメントを求める

図-8.2　公称応力範囲を用いた疲労照査

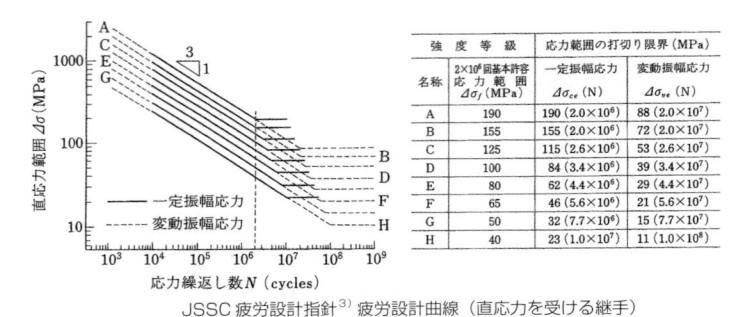

強　度　等　級		応力範囲の打切り限界（MPa）	
名称	2×10⁶回基本許容応力範囲 $\Delta\sigma_f$（MPa）	一定振幅応力 $\Delta\sigma_{ce}$（N）	変動振幅応力 $\Delta\sigma_{ve}$（N）
A	190	190 (2.0×10⁶)	88 (2.0×10⁷)
B	155	155 (2.0×10⁶)	72 (2.0×10⁷)
C	125	115 (2.6×10⁶)	53 (2.6×10⁷)
D	100	84 (3.4×10⁶)	39 (3.4×10⁷)
E	80	62 (4.4×10⁶)	29 (4.4×10⁷)
F	65	46 (5.6×10⁶)	21 (5.6×10⁷)
G	50	32 (7.7×10⁶)	15 (7.7×10⁷)
H	40	23 (1.0×10⁷)	11 (1.0×10⁸)

JSSC疲労設計指針[3] 疲労設計曲線（直応力を受ける継手）

（例）ガセット溶接継手（付加板を溶接した継手を含む）の分類

継手の種類				強度等級（$\Delta\sigma_f$）	備　　考
面外ガセット	1.	ガセットをすみ肉あるいは開先溶接した継手（$l \leqq 100mm$）	(1) 止端仕上げ	E (80)	
			(2) 非仕上げ	F (65)	
	2.	フィレットを有するガセットを開先溶接した継手（フィレット部仕上げ）		E (80)	
	3.	ガセットをすみ肉溶接した継手（$l > 100mm$）		G (50)	
	4.	ガセットを開先溶接した継手（$l > 100mm$）	(1) 止端仕上げ	F (65)	
			(2) 非仕上げ	G (50)	
面内ガセット	5.	フィレットを有するガセットを開先溶接した継手（フィレット部仕上げ）	(1) $1/3 \leqq r/d$	D (100)	
			(2) $1/5 \leqq r/d < 1/3$	E (80)	
			(3) $1/10 \leqq r/d < 1/5$	F (65)	※（1.(1)，2.，4.(1)，5.，6.(1)）仕上げはアンダーカットが残らないように行う．グラインダで仕上げる場合には仕上げの方向を応力の方向と平行とする．※（1.(2)，3.，4.(2)，6.(2)，7.）深さ0.5mm以上のアンダーカットは除去
	6.	ガセットを開先溶接した継手	(1) 止端仕上げ	G (50)	
			(2) 非仕上げ	H (40)	
7. 重ねガセット継手の母材				H (40)	

図-8.3　公称応力ベースの疲労設計

められている．ただし同じ継手形式であっても，端部の局部的な形状やディテールによって異なる等級に分類されることもある．

　疲労設計の基本は，応力範囲の大きい位置には，疲労強度の低い継手を使わないことである．鋼道路橋疲労設計指針には疲労設計の基本として「H等級以下の継手や品質確保の難しい継手は，疲労のおそれがある箇所には使わない」と記されている．当然であるが，部材の中の応力範囲の分布を見ながら継手の配置を決める際に，応力範囲が大きい位置には疲労強度の低い継手は設けないということである．ところが，わが国の道路橋のほとんどについては疲労設計が行われておらず，それは橋の中にH等級以下の強度の継手などが存在している可能性が高いことを意味している．

　このような公称応力と継手等級分類による疲労設計方法の起源については著者は知らないが，日本での最初の溶接構造を対象とした疲労設計示方書である1956年の「アーク溶接鋼鉄道橋設計示方書」ではすでにこの方法を取っている．ただし，そこでは設計S-N線は設定せず，継手の200万回疲労強度を疲労限界とみなし，応力比の影響を考慮している．1956年の示方書はドイツの橋梁の疲労設計を参考にしている．1960年には日本での研究成果を取り入れて「溶接鋼鉄道橋設計示方書」が出され，これが東海道新幹線の設計に適用された．この示方書は，マイナーな改定をされながら，1983年の鋼鉄道橋の設計標準の大改定まで長く使われた．

　このような疲労設計の等級分類は継手の疲労試験結果に基づいて決められる．しかし，同一の継手形式であっても，疲労試験結果は広くばらつく（図-8.4）[2]．ばらつきの原因は，溶接の品質，溶接のサイズや順序による溶接残留応力，試験体の大きさ，試験体の溶接変形などである．試験体は板厚や板幅，形状，疲労試験における載荷状態などが限定されており，実際の構造物の疲労現象の再現性に限界があることにも注意を要する．重要なことは，基準類の継手等級分類は，対象とする構造物に適用される標準的な溶接法と，それに対する品質管理基準から期待される溶接の品質がベースになっていることである．したがって，同じ鋼材を用いた溶接構造物であっても，橋，船，圧力容器といった構造物ごとに継手等級分類は異なって当然である．

第8章
溶接構造物の疲労照査の方法

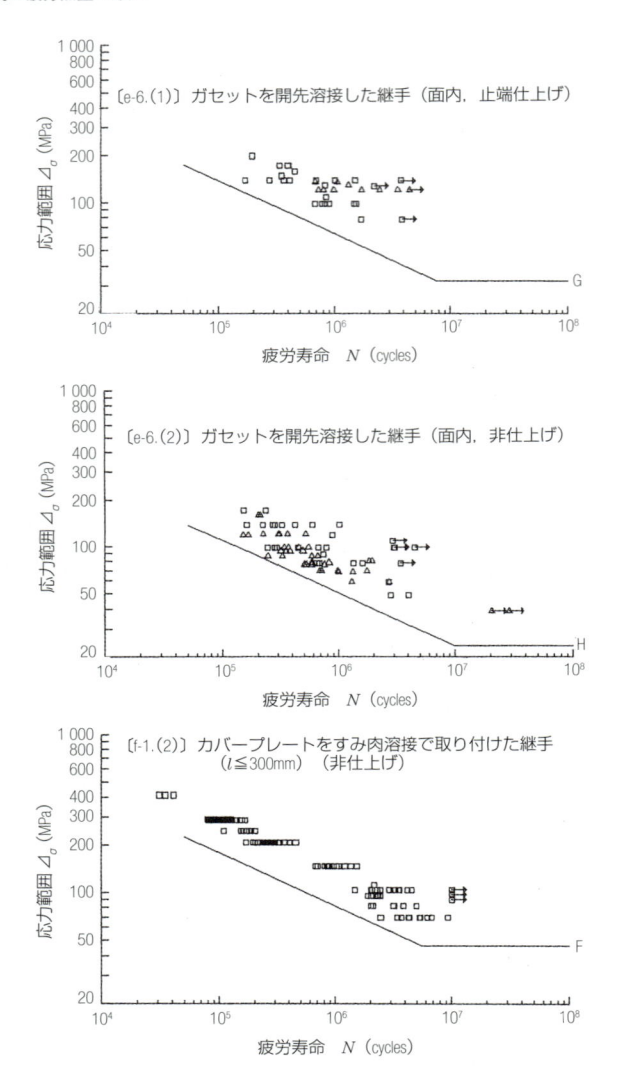

図-8.4 代表的な継手の疲労試験結果と疲労設計曲線，JSSC疲労設計指針（1993）

8-3 米国Lehigh大学の大型疲労試験

　米国での道路橋の疲労設計基準は1965年に制定されたAASHOの specificationに始まる．それまではAWSの基準を使っていた．1967年か

らLehigh大学でFisher教授らにより実物大の桁の疲労試験が始められた（**図-8.5**）.

これは1966年にNational Cooperative Highway Research Program (NCHRP) として採択されたものである. NCHRPはTransportation Research Board (TRB) による国家規模の道路安全にかかわるプログラムであり, その報告であるNCHRP Reportは基準類のベースとなっている.

その成果はまず1969年のAISCのspecificationに取り入れられ, 1971年にはAASHTOのinterim specifications となった. これが現行のAASHTO の疲労設計基準の原型である. Fisher教授らにより明らかにされた「疲労強度は鋼材の静的強度や応力比に依存しない」などの知見は, その後の世界中の溶接構造の疲労設計基準に影響を及ぼした. なぜこのような実大桁の疲労試験を始めることになったのかをFisher教授に聞いたところ, その原点は1958年から1960年に行われたAASHOのRoad Testとのことであった. 試験道路に溶接桁橋を架けて重量車両を連続走行させた結果, 様々な疲労亀裂が発生し, それらは継手試験体の結果からは驚くほど低かったためとのことであった.

Lehigh大学での実大桁の疲労試験は溶接桁と圧延桁の比較から始められているが, その結果, 圧延桁に比べて溶接桁の疲労強度が極めて低いこと, それを支配するフランジウェブの首溶接のブローホールと残留応力に影響されることが指摘されている. これはほぼ同時期に行われていた本州四国連絡橋公団の

図-8.5　Lehigh 大学 Fisher 教授らによる実物大の桁の疲労試験

第8章 溶接構造物の疲労照査の方法

大型疲労実験（通称，本四疲労）での結果と同じであり，非常に興味深い．現在の
AASHTOの疲労設計では，首溶接に対する疲労強度を，すみ肉溶接と部分溶
け込み溶接とで差をつけている．これは本四疲労の結果を米国側が分析した結
果である．

8-4　本州四国連絡橋公団の疲労試験（本四疲労）

　溶接構造の疲労現象の解明についてもう一つ大きな貢献をしたのが，本州四
国連絡橋公団が1974年から開始した大型疲労試験である（図-8.6）．本州四
国連絡橋公団は動的能力400トンの世界最大規模の疲労試験機を設置し，大
型疲労試験を行った．試験体の溶接ディテールや溶接法はすべて実物と同じよ
うに製作された．まさに世界に類を見ない疲労試験である．

　本州四国連絡橋プロジェクトでは当時のJIS鋼材の最高ランクのSM58（現
在のSM570 鋼材，引張強度780MPa）に加えて引張強度が80kgf/mm^2（780MPa）ま
での高強度鋼材（HT80鋼材）を用いることが想定されていた．また，それらの
板厚は試設計によれば最大75mmとなる予定であった．しかし，当時は高強
度鋼材の溶接継手部の疲労試験結果はほとんど存在せず，また，溶接継手部の

図-8.6　本州四国連絡橋公団の400トン疲労試験機トラスモデル（1/4スケール）の試験風景
（本州四国連絡橋公団提供）

疲労試験も，試験体の板厚は15mm程度であった．そのために1974年に出された「本州四国連絡橋の疲労設計」では，高強度の鋼材の溶接部の疲労試験データを加えて検討されてはいるが，当時の鉄道橋の設計示方書を踏襲している．そのような背景から，本四疲労ではHT80鋼材を中心にし，その板厚は45mmから75mmまでであり，縦ビード溶接，前面すみ肉溶接，ガセット継手取付け部などの溶接継手部およびトラス格点構造，ケーブル取付け部，ダイアフラム構造，鋼床版などの構造モデルが中心であった．

　本四疲労の結果は，ほとんどの継手形式で，S-N線上でそれまでの疲労試験結果の下限にプロットされることとなった[3]．これは驚きの結果であり，強烈な疲労強度に対する寸法効果ともいえる．それまでの疲労試験は板厚が15mm程度，試験体幅が100mm程度のいわゆるクーポン試験体であった．疲労試験の結果は本四架橋の設計に取り入れられるとともに順次公表された．それらをまとめて，1984年に，瀬戸大橋の設計に向けての疲労設計基準（図-8.7）がまとめられた．鉄道橋設計標準の疲労設計基準も1984年に大改定されているが，同時進行の作業であった．本四橋の疲労設計基準は引張強さが500MPaまでの鋼材と，それ以上の強度の鋼材とで許容応力を変えているところに特徴がある．鋼材の静的強度に対しての疲労強度の逆依存性を取り込んでいるともいえる．これは実験から明らかになった事実であり，逆依存の原因には，溶接残留応力の高さ，溶接欠陥の発生などが考えられる．

　本四疲労を代表する成果として，トラス弦材角継手のルートブロー対策が挙げられる．トラス格点部の様式が異なる構造ディテールの疲労強度を検討する目的で大型のトラスモデルの実験を行ったところ（図-8.6），応力集中の高いトラス格点部ではなく，弦材の一般部の角継手で，ルート部に残されていたブローホールを起点としてどんどん疲労亀裂が入り始めて大騒ぎとなった（図-8.8）[4]．力を伝える継手ではなく，単に部材を構成する目的の角継手から疲労亀裂が発生したのである．

　著者の本四疲労とのかかわりは，トラス格点部の疲労からである．角継手のような縦ビード溶接は，昭和49年版の本州四国連絡橋の疲労設計では継手等級Ａで$1,530kgf/cm^2$ (150MPa) としていた．しかも疲労限界としての取扱いである．これは，角継手は断面を修正するだけの役割であり，角継手を介しての力の伝達は格点部への遷移区間での低いせん断力のみと想定していたためで

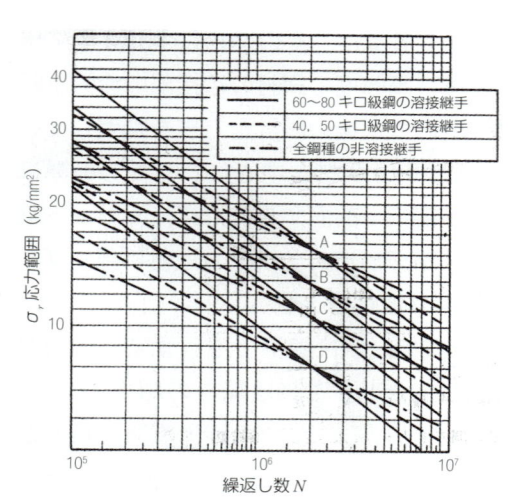

鋼種	等級分類	m	Constant
溶接継手 40・50キロ級	A	4	1.10×10^{11}
	B		5.20×10^{10}
	C		2.43×10^{10}
	D		8.19×10^{9}
溶接継手 60〜80キロ級	A	3	7.16×10^{9}
	B		4.10×10^{9}
	C		2.31×10^{9}
	D		1.02×10^{9}
非溶接継手 全鋼種	A	5	1.68×10^{12}
	B		6.61×10^{11}
	C		2.55×10^{11}
	D		6.55×10^{10}

$(\sigma_r)^m \cdot N = Constant \quad \sigma_r : kg/mm^2$

応力の種類	継手分類番号	継手の種類 種類	仕上げの有無	等級の分類 SS41 SM41 SMA41W SM50 SM50Y SMA50W	等級の分類 SM58 SMA58W HT70 HT80	備考
圧縮	9	仕上げ 仕上げ	有	C		重ね継手に大きな不等脚サイズのすみ肉溶接を行い端部を仕上げた場合の母材
	10	K溶接 すみ肉溶接	無	C	C	応力の方向に直角なK溶接または大きなすみ肉溶接のある母材
					D	
引張・圧縮	11	ただし r≧40mm	有	B	C	腹板にガセットをすみ肉溶接で取り付け，端部にrを付け仕上げた場合の母材. ただし，r端部は仕上げ後に十分な溶着金属が残ること.
	12	α部詳細 仕上げ ガセット 10 α部 仕上げ	有	C	D	腹板にガセットをすみ肉溶接で取り付け，端部を仕上げた場合の母材
	13	仕上げなし	無	D	—	重ね継手にすみ肉溶接を行い，端部を仕上げない場合の母材
	14	仕上げなし	無	D	—	腹板にガセットをすみ肉溶接で取り付け，端部を仕上げない場合の母材

図-8.7　本州四国連絡橋の疲労設計基準

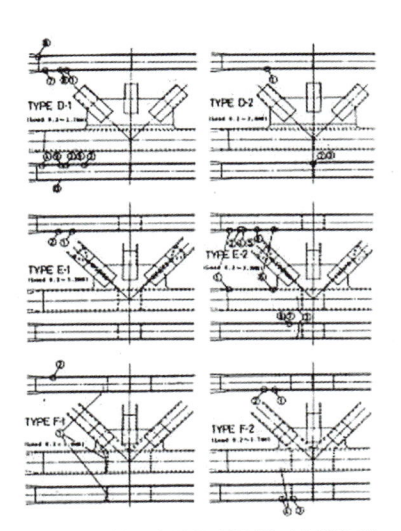

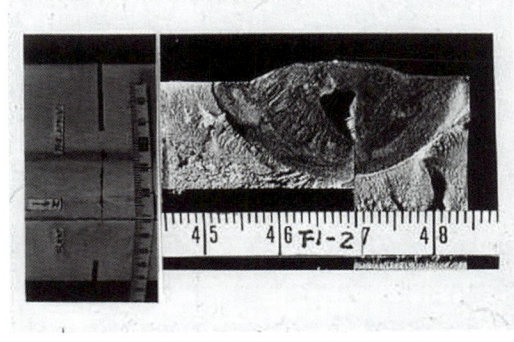

（b）角溶接継手ルート部に存在した
ブローホールからの疲労亀裂

（a）下弦材の疲労亀裂位置（疲労亀裂
は格点部ではなく下弦材平行部で
発生した）

図-8.8　トラスモデルの疲労試験結果

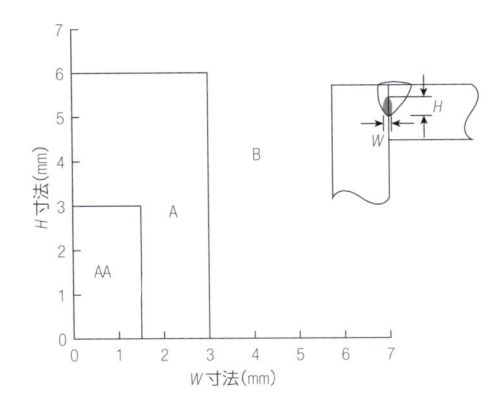

	S_r/S_a	受入れ限界欠陥の寸法	UT の検査率
最も厳しい：AA	$0.7<S_r/S_a$	$W≦1.5,\ H≦3.0$	全体
厳しい：A	$0.5≦S_r/S_a≦0.7$	$W≦3.0,\ H≦6.0$	全体
普通：B	$S_r/S_a<0.5$	〃	20%

角溶接部に対する疲労の厳しさとそれに対応した受入れ限界欠陥

S_r：活荷重に対する応力
S_a：死荷重と活荷重に対する応力
S_r/S_a が 0.7 より大きい（全応力のうち活荷重応力の割合が 70%と高い）
場合は AA 部材と分類され，その梁の受入れ限界欠陥は $W≦1.5mm$，
$H≦3.0mm$ となる

図-8.9　トラス試験体に発生した疲労亀裂の分布

ある．しかし，溶接部には弦材の応力が発生しているのであり，格点部の応力集中よりもブローホールのほうが疲労に対して厳しかったということである．この実験結果から，角継手の品質管理レベルを疲労設計に反映させる目的で，設計活荷重応力と疲労許容応力との比に従って，内在する欠陥の許容寸法を規定した（図-8.9）．これは世界で初めての「Fitness for purpose design：合目的設計」[5] として知られている．

8-5　その後の日本での疲労設計の流れ

　日本鋼構造協会（JSSC）の疲労設計指針（案）は，特定の構造物を対象としないモデルコードとして，1974年に発表された．それをベースとし，米国でのAISCの疲労設計指針のような役割を果たすことを目指して改定作業が行われて1989年に改定（案）が発表され，1993年に正式に公表された[2]．JSSC設計指針は両対数でほぼ等間隔の設計線群，本四疲労など最新の疲労試験結果に基づいての等級分類，強度レベルに合った疲労限界と打切り限界の設定など，当時としては世界的にみて最先端レベルの疲労設計モデルコードである．

　道路橋示方書における疲労設計規定は2012年の改定で本編の中に組み込まれた．その内容は2003年の鋼橋の疲労設計指針とほぼ同じであるが，指針で示している情報の一部が欠落しているため，実際の適用において若干の不都合が生じるのではないかと考えている．

8-6　局部応力ベースの疲労照査

　疲労亀裂発生点の応力（HSS:Hot Spot Stress）をベースに疲労照査を行う方法も用いられる．HSSは海洋構造物などの鋼管トラスの格点部の疲労設計で導入されたものである．そのような部位では膜応力と曲げ応力が混在して，公称応力では強度を表すことが困難なためである．最近の有限要素法（FEM）をベースとして構造設計する場合などにもHSSが有用となる．

　HSSには様々な定義と算出方法が提案されているが，図-8.10に示すStructural Hot Spot Stress （HSS）がしばしば用いられる．HSSは継手の形状やディテールに起因する応力集中を取り込んだ応力であり，溶接ビードの

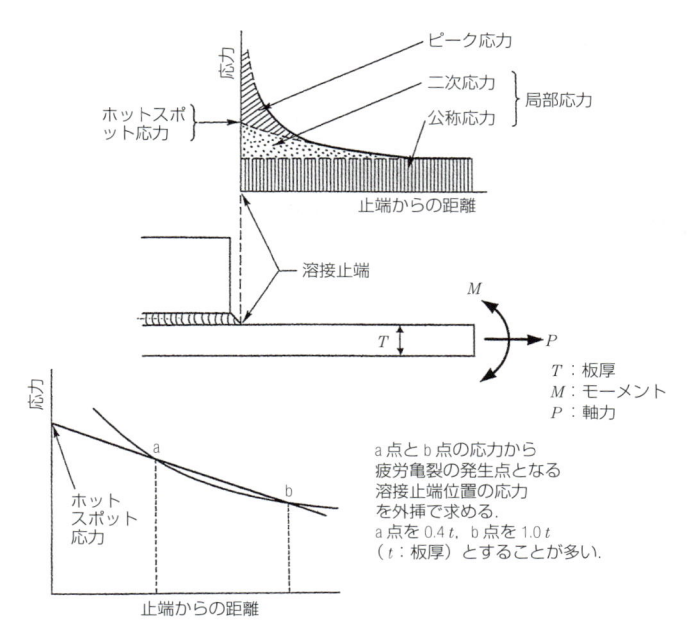

図-8.10 ホットスポット応力

形状からくる応力集中は含まれていない．そのことをはっきりとさせる目的でStructuralとつけてStructural Hot Spot Stressと呼ばれている．溶接の止端（Toe）の形状は高倍率で観察すれば，先端の半径が0の箇所が必ず存在し，その場合は応力は無限大になるなど，きわめて不安定であるためである．溶接の止端部の形状を含んでFEMで応力を計算し，疲労強度の評価をしている事例を見かけるが，先端の半径が0であれば最大応力は無限大となるので，FEMで細かい要素分割を使えば使うほど応力は高くなる，すなわち意味のない解析となる．

　HSSに適用する設計疲労曲線は，継手としての応力集中がない荷重非伝達型リブ十字溶接を用いることが多い．JSSCでは溶接ままでE等級，仕上げでD等級を用いることとしている．

8-7　理解できない疲労対策[6]

最近，不思議な構造ディテールを有する鋼橋が出現している．具体的には溶

第8章

溶接構造物の疲労照査の方法

接ビードのグラインダ仕上げ，すみ肉溶接の完全溶け込み溶接化などである．水平補剛材の取付けを高力ボルト継手に変えるなどと，信じられないようなことも考えられているようである．いずれも，疲労強度向上を目的としているとのことであるが，大幅な製作費の上昇につながることに注意すべきである．いずれも疲労に対して十分な理解をしないまま，疲労強度向上を短絡的に採った結果といえる．

　たしかに，例えば「ガセット継手取付け部の疲労強度を改善する」といったような特定の継手を対象としての疲労強度改善としては有効である．このようなディテールが有害かと聞かれれば，問題はないと答える．しかし，コストを考慮すれば考えられないディテールである．おそらく，部材を取り付ける溶接よりも，局部的な仕上げにかかるコストのほうが高いであろう．継手はあくまで橋梁構造の一部であり，橋梁構造の疲労強度改善としては理解できないものである．疲労は応力の変動によって初めて生じることを忘れてはならない．

　ほかにも最近見かけた例としては，ラテラルガセットや横桁の仕口の端部50mmの完全溶け込み溶接化と溶接止端$R=5$mm仕上げ（図-8.11）がある．この継手部に対する疲労設計は，まずガセットを応力の低い位置に設置することである．著者の知る限り，ほとんどの橋梁でそのことは可能である．それが困難な場合はフィレットを付けたうえで完全溶け込み溶接にするか，鉄道橋のようにフィレットを有するガセットを完全溶け込みでフランジに取り付けるこ

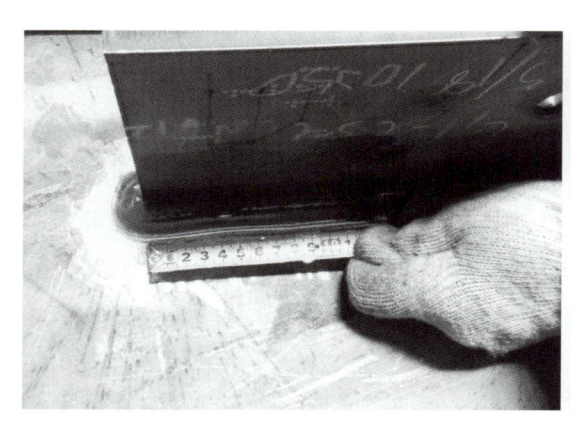 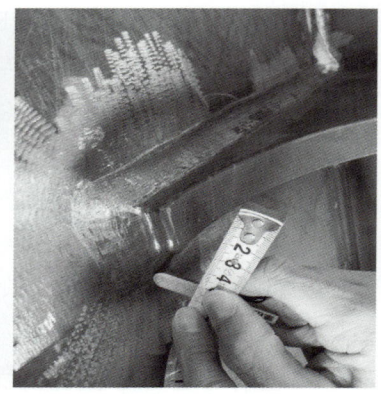

|（a）仕上げ前|（b）仕上げ後|

図-8.11　ガセット端部の部分的な完全溶け込み溶接化と止端部の仕上げ

とである．

　鉄道橋のようなフランジガセットに対しても半径が100mmを超えるようなフィレットを付けるような提案もされている．これも驚きである．隣接してフランジとウェブの縦方向継手（首溶接）があることを忘れているのではないだろうか（図-8.2）．溶接で組み立てられた桁構造では，首溶接の許容応力（D等級，FAT100）よりも高い強度は不必要である．

　水平補剛材の端部50mmの完全溶け込み溶接化と端部の$R＝5$mm仕上げも驚きである．まず，水平補剛材を取り付ける位置に疲労が発生するとは考えられない．したがって，そのような位置に水平補剛材を付けることは無意味となる．もしもこのディテールに疲労損傷が起きるとすれば，いわゆる変位誘起型の疲労であり，それを防止するのであれば，水平補剛材を垂直補剛材と接続すればよい．わが国の鉄道橋や欧米の橋梁はすべてそのようになっており，わが国の道路橋でも1970年以前に造られたものにはそのようなディテールを採っているものもある．水平補剛材と垂直補剛材を接続することにより疲労強度が向上することも，疲労試験により確認されている[7]．

　垂直補剛材下端のフルペネ化と止端仕上げも無意味な対策といえよう．垂直補剛材の端部を対象とした疲労照査は，疲労設計の教科書の最初に出てくる最も基本となる疲労設計である．すなわち，垂直補剛材の端部を応力が許容応力に入る位置まで切り上げることである（図-8.2）．垂直補剛材としての機能は，その切上げ位置を中立軸近くまで持ってきても損なうものではない．

8-8　疲労照査のポイント

　2002年の「疲労設計指針」[8]では，そのまえがきに「疲労設計の基本は，部材に発生する応力変動を適切に評価して必要な疲労耐久性を確保すること」と記述されている．また，疲労耐久性に著しく劣る継手や過去に疲労損傷が報告されている構造を避けること」とも記されている．

　「疲労設計指針」には，それまで疲労に対する照査を行ってこなかった道路橋の設計に適切な疲労設計を導入することや，疲労設計の導入が過剰な品質の要求につながらないように，様々な情報と仕掛けが含まれている．例えば，最も基本的な溶接継手である横突合わせ継手では，余盛りを削除した継手でも止

端仕上げした継手でも，非仕上げの継手でも継手等級はすべて等しくＤ等級である．これは，溶接橋梁には必ずフランジとウェブの首溶接が存在し，その疲労強度がＤ等級であることから，フランジの横突合わせ溶接の疲労強度を高める必要はないということで，不必要な仕上げを要求することにならないように導くためである．

　さらに，「疲労設計指針」では応力の評価に構造解析係数を設定し，３次元FEMを用いて主桁とRC床版を一体解析して疲労照査を行うことを推奨している．これは，実橋梁に発生する活荷重応力は，設計に用いている梁理論ベースでしかも非合成桁仮定の応力計算の50％程度しか生じないことから，できれば３次元FEMなどの解析に導くことを考えてのことである．

〔参 考 文 献〕
1）T.R. Gurney: Fatigue of Welded Structures, Cambridge University Press（1968）
2）日本鋼構造協会：疲労設計指針
3）Kengo ANAMI and Chitoshi MIKI : Fatigue Strength of Welded Joint Made of High-Strength Steels, Structure Engineering Materials，John Wiley & Sons Ltd, 86-94（2001）
4）Jiro Tajima, Koei Takena, Chitoshi Miki:Fatigue Strength of Truss Made of High Strength Steels, Proc. Of JSCE（1984.1）
5）Chitoshi Miki: Maintaining and Extending the Life Span of Steel Bridges in Japan, IABSE Symposium San Francisco（1995）
6）三木千壽：理解できない疲労対策，橋梁と基礎，pp.33〜35（2013.1）
7）菊池，桜井，山田：80キロ鋼プレートガーダの疲労と残留応力について，土木学会年次学術講演会報告，I-58（1969）
8）鋼道路橋の疲労設計指針，日本道路協会（2002.3）
9）穴見健吾，三木千壽，山本晴人，樋口嘉剛：高強度鋼溶接継手部の疲労強度と疲労強度向上法，土木学会論文集，No.591/I-43, 65-73（2001）
10）三木千壽，杉本一朗，鍛冶秀樹，根岸裕，伊藤裕一：既設鉄道橋のフランジガセット取付け部の疲労強度向上に関する研究，土木学会論文集，No.584, I-42, pp.67〜77（1998.1）
11）高橋和也，内藤繁，関雅樹，市川篤司，三木千壽：鋼鉄道橋縦桁‐横桁連結部の疲労特性とその改善方法，土木学会論文集A, Vol.64, No.2, pp.235〜247（2008.4）
12）三木千壽：橋梁の疲労と破壊，朝倉書店（2011.9）
13）Wooryong Park, Chitoshi Miki: Fatigue Assessment of Large-size Welded Joints based on the Effective Notch Stress Approach, International Journal of Fatigue, ELSEVIER, pp.1556-1568（2008.2）
14）石渡，田中，行友，川島：調質高張力鋼（80キロ鋼）溶接部の疲労強度に関する研究，土木学会年次学術講演会報告，I-21（1971）

第9章

橋梁に生じる疲労と
その分類

米国I-80の橋梁上で拾い集めた部品.
トラックなどのばねやボルトなど，すべて疲労破壊が原因で破損
した.

9-1　分類１：溶接時に残された欠陥を原因とした疲労
9-1-1　プレートガーダー橋下フランジ板継ぎ溶接部

9-2　分類２：疲労強度の低い構造ディテール，継手の採用
9-2-1　連結板貫通タイプの仕口；山添橋

9-3　分類３：設計では想定していない力の作用
9-3-1　プレートガーダー橋やボックスガーダー橋の支承ソールプレート
9-3-2　桁端の切欠き部
9-3-3　プレートガーダー橋の主桁と横桁の接合部
9-3-4　トラス橋の床組部材
9-3-5　上路アーチ橋の垂直材
9-3-6　鋼床版構造

9-4　分類４：構造物の想定外の挙動
9-4-1　新幹線橋梁での振動疲労
9-4-2　風による振動
9-4-3　路面の交通振動により誘起される振動疲労

　著者が博士課程の学生の時に，故奥村敏恵先生（当時東大教授）に橋の疲労を勉強しているとお話ししたところ，「事例を研究するのが一番」とおっしゃって，先生が集められていたたくさんの資料をいただいた．それ以降，著者の研究の原点は事例研究であり，長く活動をしてきた国際溶接協会（International Institute of Welding : IIW）でも溶接構造物の疲労損傷と補修の委員長を務めてきた．その活動の一部はデータベースとして公開している[1]．そのような経験から強く感じていることは，「解析や実験で見ることができるのはバーチャルの世界であり，実際の構造物で生じた事故はリアルの世界」である．

　著者は鋼構造物に発生した疲労損傷を次のように分類している[2]．

分類1．溶接時に残された欠陥

分類2．疲労強度の低いディテールの採用

分類3．設計では想定していない力

分類4．構造物の想定外の挙動

　本章ではそれぞれの分類について，事例を用いて説明する．

9-1　分類1：溶接時に残された欠陥を原因とした疲労

　溶接継手の品質管理の問題であり，ここに分類される事例は驚くほど多い．示方書や基準類で規定されている品質規定はどこにいってしまったのかと思うほどである．

　第7章で述べた鋼製橋脚隅角部の疲労の99.9%が溶接欠陥を原因としており，ここに分類される．添接板で補強後，コアを抜いて観察したところ（図-7.18〜19），規定値よりもはるかに大きいギャップ，仮付け溶接内の割れ，熱影響部の割れなど，様々な溶接欠陥から疲労亀裂が発生し，進展していることが明らかになった．

　溶接ではアークにより鋼母材が溶融され，それと溶接棒から供給される金属が混ざり合って溶接金属を構成する．すなわち，溶接の過程で，金属は液体から固体へ変わり，常温まで冷却される．図-9.1は溶接部の断面であるが，その組織は鋼母材を溶接材料が液体として混合したのちに固化した溶接金属部と，鋼母材が溶接により熱影響を受けて変質した熱影響部から構成され，その境界面は溶け込み線と呼ばれる．そのような過程で図-9.2に示すような様々

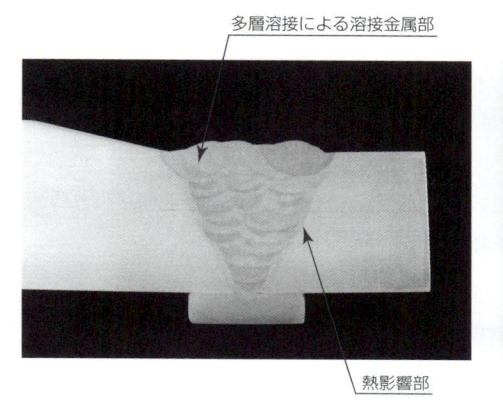

多層溶接による溶接金属部

熱影響部

Ｖ型開先による板継ぎ溶接

溶接金属部

熱影響部

すみ肉溶接（1パス）

図-9.1　溶接部の組織

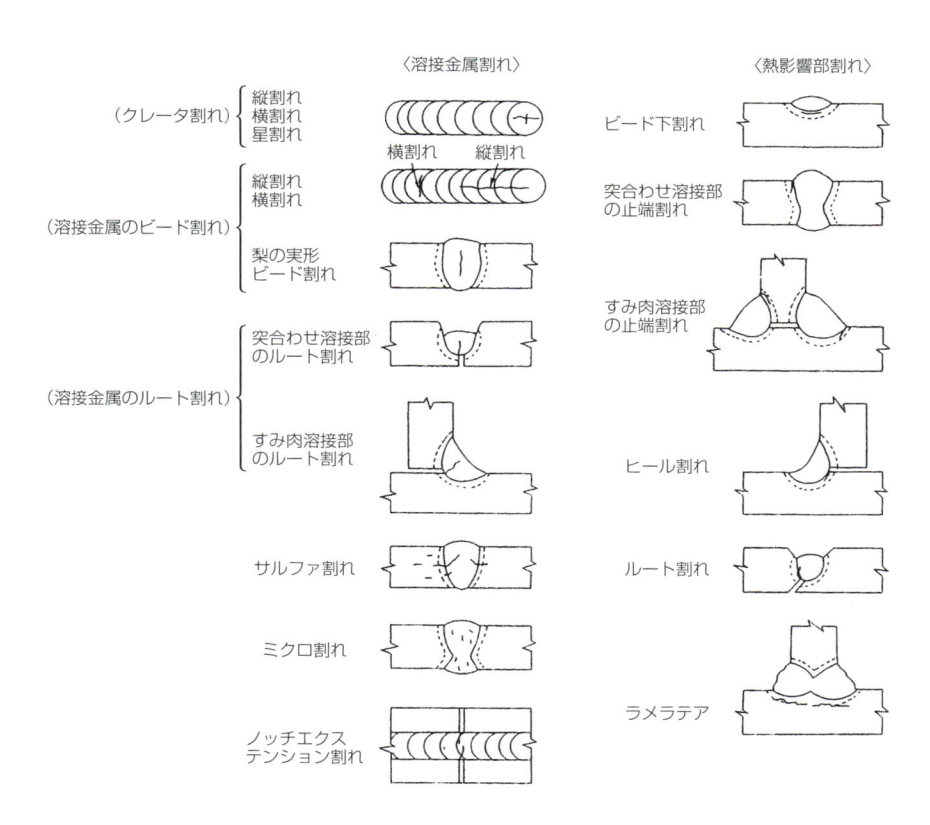

図-9.2　溶接欠陥

な欠陥が生じる．溶接金属の中に不純物が残されたスラグ巻込み，ガスが残されたブローホール，溶け込みが不十分なために残される融合不良，冷却時の収縮による熱間割れ，溶接後に水素が移動することから生じる冷間割れ，鋼母材の熱影響部の冷間割れなどである．

　十分な塑性変形を伴う延性破壊では，溶接欠陥が降伏強度や引張強度に及ぼす影響は断面積の減少分程度のことが多く，影響はそれほど大きいとはいえない．しかし，疲労やぜい性破壊など塑性変形を伴わないで生じる破壊現象では，溶接欠陥の形状からくる応力集中が直接的に影響するため，驚くほどの強度低下につながる．特に割れなどのシャープな欠陥の影響は極めて大きい．したがって，通常の引張や圧縮による破壊を想定する場合と疲労を想定する場合で溶接欠陥の管理基準は異なる．道路橋示方書[2]では，板継ぎ溶接での許容欠陥寸法を，疲労を考慮する部材においては$1/6\,t$（t: 板厚），疲労を考慮する必要のない継手では$1/3\,t$としている．

9-1-1　プレートガーダー橋下フランジ板継ぎ溶接部[3], [4]

　図-9.3は東京都の幹線道路に架かる支間長30.3mの単純合成プレートガーダー橋の下フランジの板継ぎ溶接部に発生した疲労亀裂である．損傷部分を切り出して破面を開いたところ，板厚の内部の1/2程度の領域で，溶接がされていないことが明らかになった．写真での黒色に見える部分である．この溶接継手は板継ぎ溶接であり，全断面にわたってきちんと溶接されなければならないが，そのような溶接施工がされず，しかも品質管理でもそれを見つけていない．

　このような損傷は極めて稀である．製作とその管理の問題であり，発見された場合には，同一条件で製作された構造についての調査と，製作会社の溶接管理や品質管理についての調査が重要となる．この橋の同種の溶接部を検査したところ，同様の欠陥が発見されている．

　図-9.4は米国の公園内のプレートガーダー橋である．板継ぎ溶接部の内部に残されていた未溶着部から疲労亀裂が発生し，ウェブに侵入したところでぜい性破壊に移行し，桁を切断している．図-9.3のようにウェブに侵入したところで塑性変形が生じるか，図-9.4のようにぜい性破壊に移行するかは，フランジとウェブをつなぐ溶接金属あるいはウェブに用いられている鋼材の破壊

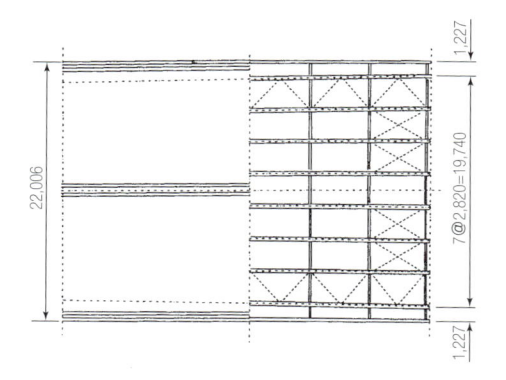

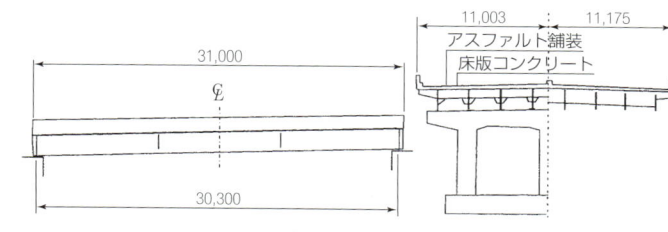

橋 の 概 要

第9章
橋梁に生じる疲労とその分類

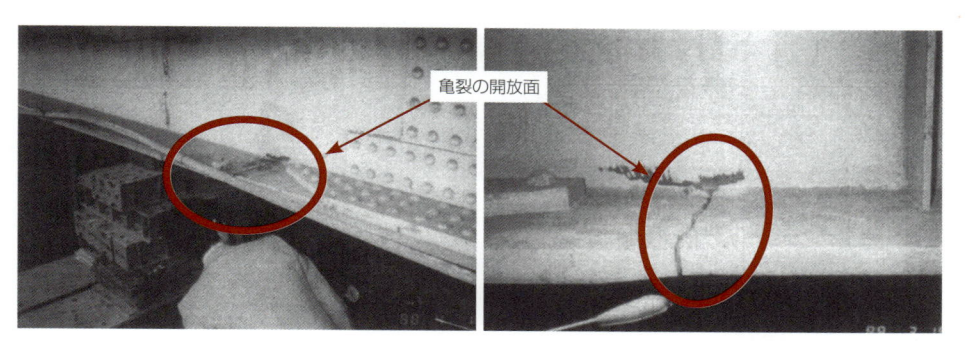

（a）破断位置　　　　　　　　　　　　（b）疲労亀裂の表面状態

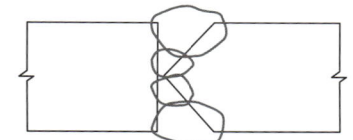

（c）開放した破面．設計ではK開先の完全溶け込み溶接で
　　あるが，板厚中央付近の平たんに見える部分は当初よ
　　り溶接がされていなかった．典型的な溶け込み不良．

（d）K開先と溶け込み不良

図-9.3　プレートガーダー橋下フランジの板継ぎ溶接部

（a）下フランジから発生したぜい性亀裂がウェブの上端にまで達している．

（b）下からの観察．下フランジの一部は調査のため切り出されている．ぜい性亀裂は上端で塑性変形を伴って停止している．

（c）調査のため切り出された破断部

図-9.4　鋼桁に生じたぜい性破壊

じん性値が高いか低いかによる．

9-2　分類2：疲労強度の低い構造ディテール，継手の採用

　　主桁に横桁や対傾構を取り付けるためのガセット継手が代表的なディテールである．ガセット取付け部の応力集中はガセット板の長さに強く依存する．すなわち，小さい寸法の試験体の疲労試験からは高い疲労強度が得られる（**図-9.5**）．Lehigh大学の疲労試験や本四の疲労試験の前には，このあたりの知見はなかった．この継手は道路橋に含まれる構造ディテールの中で最も注意の必要な部位である．

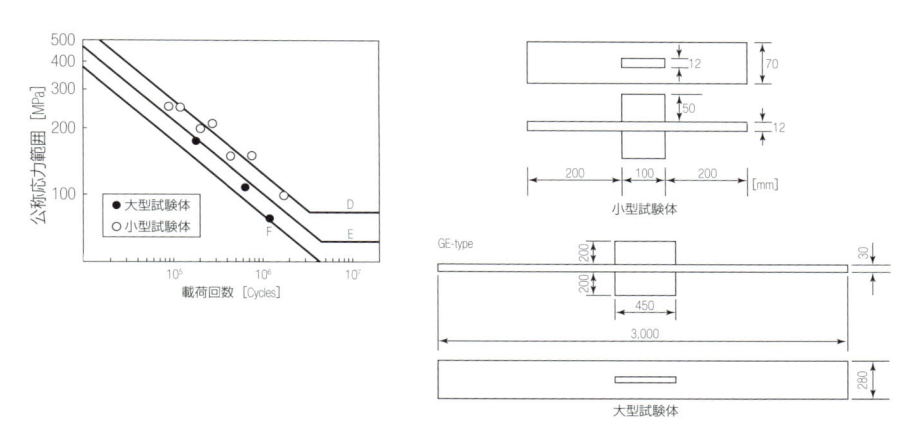

図-9.5　ガセット継手部の疲労強度での寸法効果（大型と小型試験体）

　　わが国の道路橋では2002年まで疲労設計をしてこなかった．疲労設計をしていないことはそれまでに建設された橋梁構造がどの程度の疲労抵抗性を有しているかが不明であることを意味している．すなわち，「許容応力が不十分であった」よりはるかに深刻な問題である．疲労設計指針[5]で「使用しない方がよい」とした構造ディテールは，疲労設計を行わなかったがためにこのようなディテールが多くの道路橋に使われていることの警告をこめて示したものである．**図-9.6**にその一部を示す．既設の道路橋に対する疲労対策としては，まずは疲労設計と同様な照査を行い，その疲労に対する抵抗度の実態を知ることから始めなければならない．

継手の種類			強度等級 （$\Delta\sigma_f$） (N/mm²)	備　考
面外ガセット	1. ガセットをすみ肉溶接あるいは完全溶け込み開先溶接した継手（$l \leqq 100mm$）	(1)	止端仕上げ	E（80）	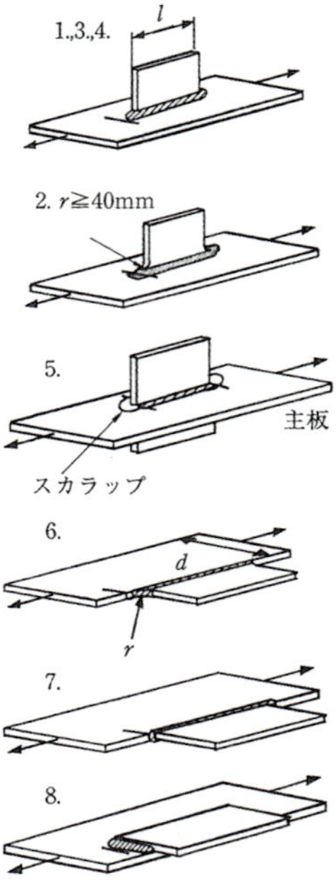 1.,3.,4.
		(2)	非仕上げ	F（65）	
	2. フィレットを有するガセットを完全溶け込み開先溶接した継手のフィレット部（フィレット部仕上げ）			E（80）	2. $r \geqq 40mm$
	3. ガセットをすみ肉溶接した継手（$l > 100mm$）			G（50）	
	4. ガセットを完全溶け込み開先溶接した継手（$l \leqq 100mm$）	(1)	止端仕上げ	F（65）	5. 主板／スカラップ
		(2)	非仕上げ	G（50）	
	5. 主板にガセットを貫通させた継手	(1)	完全溶け込み溶接	G（50）	6. d／r
		(2)	完全溶け込み溶接にスカラップを伴う	H'（30）	7.
		(3)	すみ肉溶接	H'（30）	8.
面内ガセット	6. フィレットを有するガセットを完全溶け込み開先溶接した継手のフィレット部（フィレット部仕上げ）	(1)	$1/3 \leqq r/d$	D（100）	
		(2)	$1/5 \leqq r/d < 1/3$	E（80）	
		(3)	$1/10 \leqq r/d < 1/5$	F（65）	
	7. ガセットを完全溶け込み開先溶接した継手	(1)	止端仕上げ	G（50）	
		(2)	非仕上げ	H（40）	
8. 重ねガセット継手の主板		(1)	主板縁部でガセット板裏側へのまわし溶接なし	H（40）	
		(2)	主板縁部でガセット板裏側へのまわし溶接あり	H'（30）	

注）1.(1)，2.，4.(1)，6.，7.(1)の継手において，仕上げはアンダーカットが残らないように応力の方向と平行に確実に行わなければならない.

注）1.(2)，3.，4.(2)，5.(1)，7.(2)，8.(1)の継手の強度等級は，アンダーカットが0.3mm以下の継手を対象とする．これらの継手において，アンダーカットを0.3mmをこえ，0.5mm以下とした場合は，強度等級を1等級低減しなければならない.

注）5.(2)，5.(3)，8.(2)の継手の強度等級は，アンダーカットが0.3mm以下の継手を対象とする.

疲労設計における継手の等級分類の例．山添橋の疲労損傷部は5(2)にあたる．ただし，すみ肉溶接の可能性が高い．H'（30）のH'は設定されている最も低い等級であり，30は2×10^6回強度が30MPaであることを示す.

図-9.6　「鋼橋にしない方がよい」とされる構造ディテール
（アミ掛け部は使用しないほうがよい継手．日本道路協会：鋼橋の疲労設計指針から引用）

（左ページから続く）

継手の種類		強度等級 （$\Delta\sigma_f$） （N/mm²）	備　考
1. カバープレートをすみ肉溶接で取り付けた継手 （$l \leqq 300\text{mm}$）	(1) 止端仕上げ	E（80）	
	(2) 非仕上げ	F（65）	
2. カバープレートをすみ肉溶接で取り付けた継手 （$l > 300\text{mm}$）	(1) 溶接部仕上げ	D（100）	
	(2) 非仕上げ	G（50）	
3. スタッドを溶接した継手の主板断面		E（80）	
4. 重ね継手	(1) 主板断面	H（40）	
	(2) 添接板断面	H（40）	
	(2) 前面すみ肉溶接ののど断面	H（40）	
5. 鋼管の割込み継手	(1) リブ先端	H（40）	
	(2) 鋼管終端	H（40）	

注）1.(1)，2.(1)継手において，仕上げはアンダーカットが残らないように応力の方向と平行に確実に行わなければならない．

注）1.(2)，2.(2)，4.(1)，4.(2)，5.(1)，5.(2)の継手の強度等級は，アンダーカットが 0.3mm 以下の継手を対象とする．これらの継手において，アンダーカットを 0.3mm をこえ，0.5mm 以下とした場合は，強度等級を 1 等級低減しなければならない．

注）2.(1)の脚長 s_h，s_b は，$s_h \geqq 0.8t_c$，$s_b \geqq 2s_h$ とする（t_c：カバープレートの板厚）

注）4.重ね継手の主板端部で添接板の裏側へまわし溶接した場合，疲労強度等級は H' 等級とする．

第9章

橋梁に生じる疲労とその分類

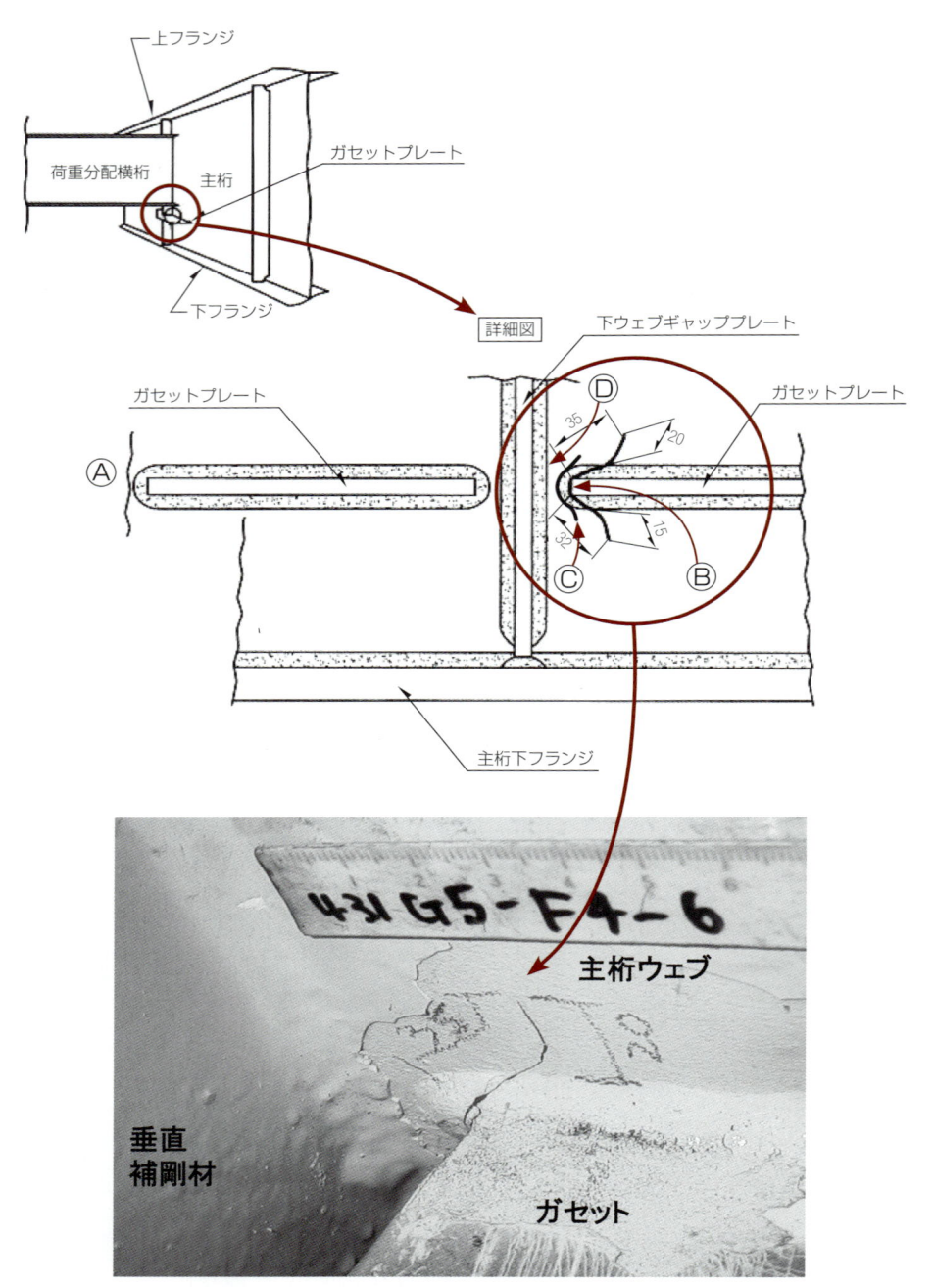

図-9.7　ガセット取付け部に発生した疲労亀裂（Ⓑの亀裂）
（首都高速道路㈱提供）

　図-9.7は首都高速道路3号線の鋼プレートガーダー橋のウェブガセット取付け部で発見された亀裂である[3]．疲労亀裂はガセットプレートの端部のすみ肉溶接止端部（図中のⒶ）とスカラップ内のウェブギャップのすみ肉溶接部止端部Ⓑの両方に発生する可能性がある．応力集中の程度は両者で同程度である．スカラップ内のギャップはガセット板と垂直補剛材とにはさまれた狭い空間であり，疲労亀裂はガセット板側の止端Ⓑ，ウェブ側の止端部Ⓒおよび垂直補剛材側の止端Ⓓから発生する可能性がある．写真はⒷの亀裂である．また，溶接に伴う収縮から局部的に強い多軸応力状態となっており，この位置の疲労亀裂を起点としてぜい性破壊の発生の可能性が高い．米国のHoan橋ではこの位置のウェブギャップ内のすみ肉溶接の止端部に残されていた溶接割れが原因で，ぜい性破壊が発生したとされている．

　この部位の疲労亀裂は主桁の曲げモーメントによる応力（いわゆる1次応力）による場合が多く，疲労亀裂が比較的短い長さで進展した後に，ぜい性破壊に移行する．どの程度の長さでぜい性破壊に移行するかは鋼材の破壊じん性値によるが，50mmを超えると危険といえる．疲労亀裂がガセットの端部のすみ肉溶接のトウから発生し，まわし溶接に沿って進展し，ウェブの母材に侵入し始めると危険と言ってもいい．点検で最も注意を要する疲労亀裂である．

9-2-1　連結板貫通タイプの仕口；山添橋[3]

　名阪国道（国道25号）の山添橋の事故は重要である．山添橋は**図-9.8**に示すような3径間連続非合成プレートガーダー橋であり，38m＋51m＋38mの支間長，幅員は9.95mで4本の主桁により構成されている．G2主桁にほぼウェブを貫通するような長さが1mを超える亀裂が発見されたのは平成18年10月2日であり，平成18年度の定期点検中のことである．

　山添橋では，主桁と横桁とがウェブにスリットを設けてそこを貫通させた接続板（以下，貫通フランジ）を介して接合しており，貫通フランジはウェブに設けられたスリットの上側にすみ肉溶接で取り付けられている．このすみ肉溶接は接続板の上面と側面のコーナーで溶接の方向が90度変わっており，この位置では高い確率でアンダーカットが生じることが知られている．疲労亀裂の発生点などに関する調査については公表されていないが，このアンダーカットが疲労亀裂の発生点となったと考えられる．

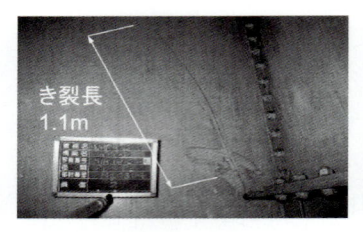

貫通板溶接部から発生した亀裂

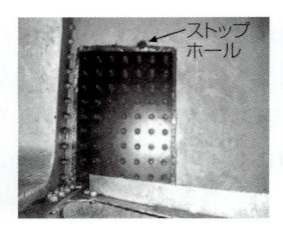

応急措置としてのボルト添接

亀裂先端に設けられた
ストップホール

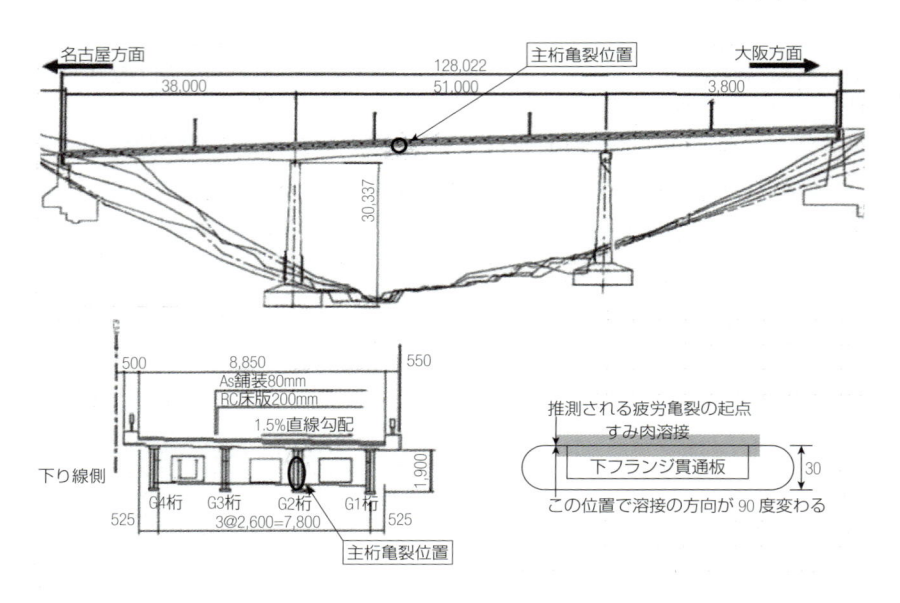

図-9.8　名阪国道山添橋（国交省奈良工事事務所記者発表資料より）

　公表資料によると，補修工事ではその部分に補強板を当ててふさいでいるように見える．すなわち，破面を露呈して疲労亀裂の発生源を特定する，進展の速度を確認する，あるいはぜい性破壊への移行の状態を観察するなどの調査をしたような痕跡がない．疲労に対する補修や補強においては，疲労亀裂の発生原因などを究明することが必須である．さらには，この橋の緊急対策として，主桁の両面から当て板補強を行う，亀裂の先端にストップホールを開ける，主桁の下フランジにH形鋼（H-300x700）をボルトで取り付けて補強するとされている．しかし，著者からみればストップホールを除けばとんでもない応急措置である．

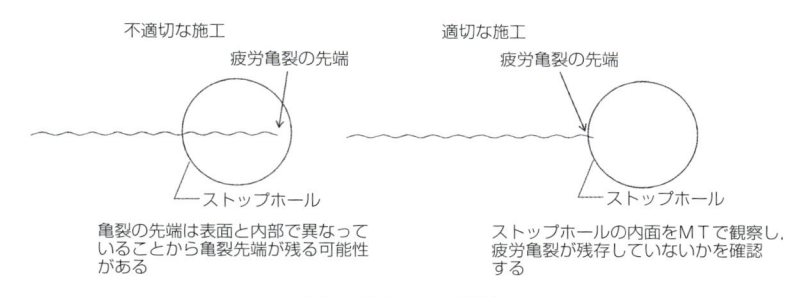

図-9.9 疲労亀裂に対するストップホール

後日の調査で，応力測定のためにストップホールに取り付けていた高力ボルトを外し，孔壁を確認したところ，亀裂の先端とは外れたところにストップホールが設けられていたことが明らかになったと報告されている．亀裂先端の近傍に孔を明けることは応力集中を起こすことになり，急速な亀裂の進展を促すことにもつながる．

ストップホールについては図-9.9に示すように，亀裂の先端を確実に取り除くこと，そのために亀裂の反対側の孔壁に亀裂の残存がないことをMTで確認することが必須であることは「鋼橋の疲労」[4]をはじめとする多くの教科書に書かれている．しかし，このような当たり前のことができていないことが問題であろう．亀裂の発見，その後の緊急対応，補修補強対策などに関して，今行われていることの問題点を明らかにしたともいえる．

このウェブと連結板の交差ディテールは「鋼橋の疲労設計指針」[5]では使用が好ましくない構造とされている．疲労設計を行わないことの典型的な弊害である．また，このような損傷が発見されたらすぐに行うべきことは，類似の構造ディテールを有する橋を重点的に点検することである．スリットを設けて貫通フランジで横桁をつなぐ構造は一般的であり，多くの橋で採用されている．ただし，スリットの形状や，貫通フランジを上縁に溶接するか下縁に溶接するか上下面に溶接するか，さらには両端部に円孔部を残すかなど，設計者により異なったディテールとなっている．著者らの研究[11]あるいは，Lehigh大学の研究などで，スリットを設けるディテールの疲労強度は，図-9.7のガセットを介して接続するディテールのそれよりもさらに低いことが示されている．

9-3　分類3：設計では想定していない力の作用

　これは構造部材の応力や変形が設計仮定と異なる挙動をすることに起因する疲労であり，疲労損傷の数からみると，ここに分類される事例が最も多い．前章に示した東海道新幹線の初期の疲労損傷，道路橋での主桁と横桁あるいは対傾構との連結部，支承部，アーチ橋の垂直支材，床組部材，桁端の切欠き部など，すべてここに分類される．

　橋梁の構造設計においては，様々な仮定や単純化をしている（図-9.10）．例えば桁は梁と単純化される．すなわち，3次元的に高さと幅のある桁を1次元の棒部材に置き換えて断面に作用する力を計算する．その際，梁は支承により鉛直方向の変位を止めるように支持されるが，その場合1端を回転自由と水平方向変位拘束，他端を回転自由と水平方向自由と仮定する．このような支持条件を単純支持と呼び，前者を固定端，後者を自由端と呼ぶ．

　これらの仮定は梁の大部分の断面寸法を決定するうえでは安全側である．しかし，桁の支承部近傍など，特殊な部位についての応力状態は，そのような仮定で計算される応力とかなり異なる．局部的には梁理論で計算される応力よりかなり高くなることもある．また，支承部では回転についての拘束なし，桁方向について拘束なし等と仮定されるが，支承部の設置の状況や腐食などにより

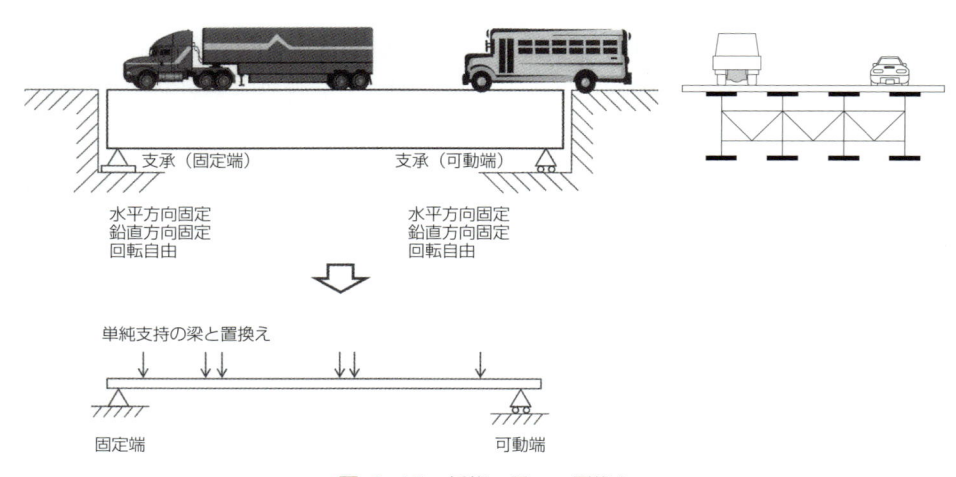

図-9.10　橋桁の梁への置換え

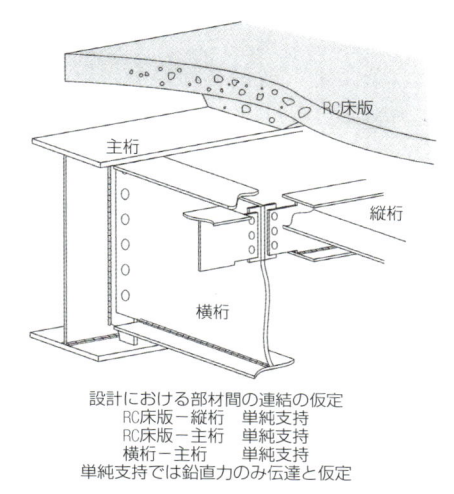

設計における部材間の連結の仮定
RC床版－縦桁　　単純支持
RC床版－主桁　　単純支持
横桁－主桁　　　単純支持
単純支持では鉛直力のみ伝達と仮定

図-9.11　橋を構成する構造要素と設計におけるそれぞれの要素の連結の仮定

そのような状況とは異なってくる.

　橋梁構造は様々な部材から構成されている．部材間の接合部についても，構造計算では様々な単純化，仮定が行われる．**図-9.11**はその例を示したものであり，コンクリート製の床版は縦桁に固定されているにもかかわらず，回転の拘束はないと仮定される．したがって,鉛直方向の力のみが床版から縦桁に伝達される．

　縦桁は横桁に接合される.接合部では鉛直方向の力のみ伝えると仮定される．すなわち，単純支持あるいはピン支持と仮定する．しかし，実際の縦桁と横桁は高さ方向に配置された高力ボルトで接合されるので，回転も拘束されることより固定端となり，それに伴う固定端モーメントが生じる．縦桁は床版からの回転も伝わることから，横桁は縦桁の梁直角方向の回転（ねじり）も拘束することになる.

　さらには，横桁は主桁に単純支持されると仮定されることが多い．実際には横桁端部の回転やねじりは拘束されることから,そこには固定モーメントが発生する．このような様々の設計では考慮されない力が疲労の原因となる．すなわち，例えば鉛直力のみ伝達する場合と，回転モーメントも伝達する場合では構造ディテールが異なってくる．

　分類2の疲労は設計の対象となる，いわゆる１次応力により生じるのに対し

て，**分類3**は2次的な応力により生じる．また，**分類3**は変位を拘束することにより発生する応力によるため，変位誘起疲労と呼ばれることもある．

9-3-1　プレートガーダー橋やボックスガーダー橋の支承ソールプレート[3), 4)]

　橋に作用した荷重はすべて支承を介して基礎構造に流れていく．したがって支承は橋梁構造の中で最も厳しい力にさらされる箇所といえる．橋は**図-9.10**に示したように，その両端に支承を設けて鉛直方向への変位を止めるが，その一端を回転自由と水平方向変位自由とし（可動端），もう一方の端部を回転自由（固定端）とする．これは温度変化による桁の長さ変化に伴う力を逃がすことや，たわみによる桁間の距離の変化を吸収するためである．しかし，長年の使用により腐食などを原因として，そのような機能が失われることが多く，力学的には固定状態となる．それに伴って設計では想定していない固定端モーメントが生じ，その結果としての応力が疲労損傷の原因となる．**図-9.12**にその概要を示すが，これも数の多い損傷である．この亀裂はウェブ内に侵入した後にぜい性破壊に移行する可能性が高く，危険なモードの疲労といえる．

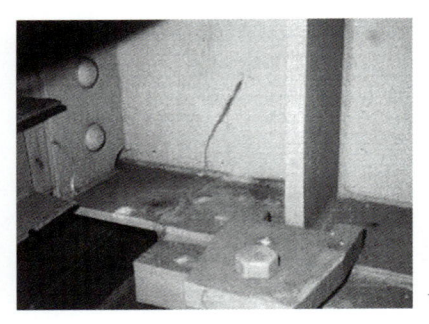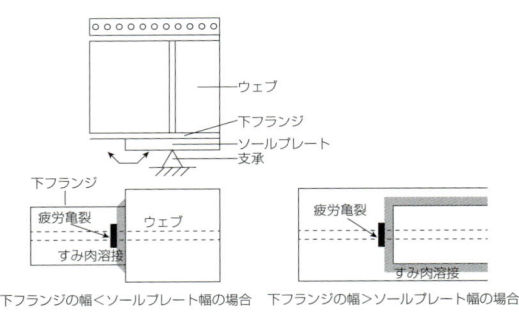

図-9.12　橋の支承部に生じる疲労亀裂

9-3-2　桁端の切欠き部[3), 4)]

　高架構造の橋梁においては，橋脚の位置や建築限界などの制約条件から桁端部を切り欠いた構造とすることがある．ゲルバー構造の橋梁においてはその架け違い部において桁端部を切り欠く構造がしばしば用いられる．**図-9.13**にその例を示す．この構造の疲労の発生メカニズムは，支承部の機能の低下が原因となるなど，支承部ソールプレートの損傷に近い．しかし，切り欠かれている

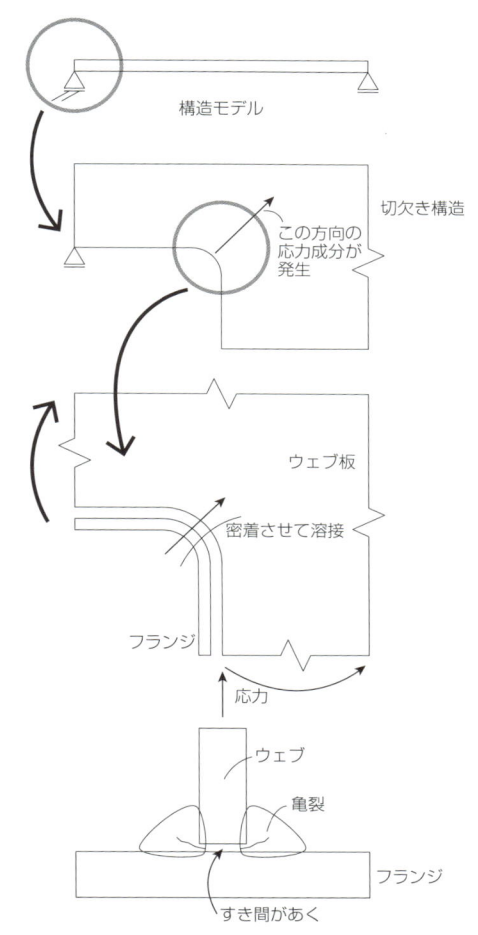

構造モデル

切欠き構造

この方向の
応力成分が
発生

ウェブ板

密着させて溶接

フランジ

応力

ウェブ

亀裂

フランジ

すき間があく

切欠き部の疲労亀裂の発生メカニズム

図-9.13　桁端切欠き部

ことによる応力集中の効果が重なること，フランジとウェブの間のすみ肉溶接部に対して直角方向の応力成分が発生すること，さらには切り欠いたウェブに曲げられたフランジを溶接で取り付けるためその溶接部に欠陥が生じやすいことも原因になる．この亀裂は切欠き円弧部の中央部から発生し，すみ肉溶接に沿って進展した後に，ウェブに侵入し，ぜい性破壊に移行することが多い．疲労亀裂はすみ肉溶接のルート部の溶け込みが良好な場合はウェブ側のトウから発生する．しかし，切欠きコーナー部の溶け込みは不十分なことが多く，そのような場合，亀裂はルート部から発生する．ルート部から発生した亀裂はルート内で大きく進展した後に表面に出現する．したがって，表面に出現した際にはかなり成長した後であり，発見後の早い時期にぜい性破壊に至ることが多い．

9-3-3　プレートガーダー橋の主桁と横桁の接合部[3), 4)]

損傷部は**図-9.14**に示すような分配横桁あるいは対傾構を主桁に取り付ける

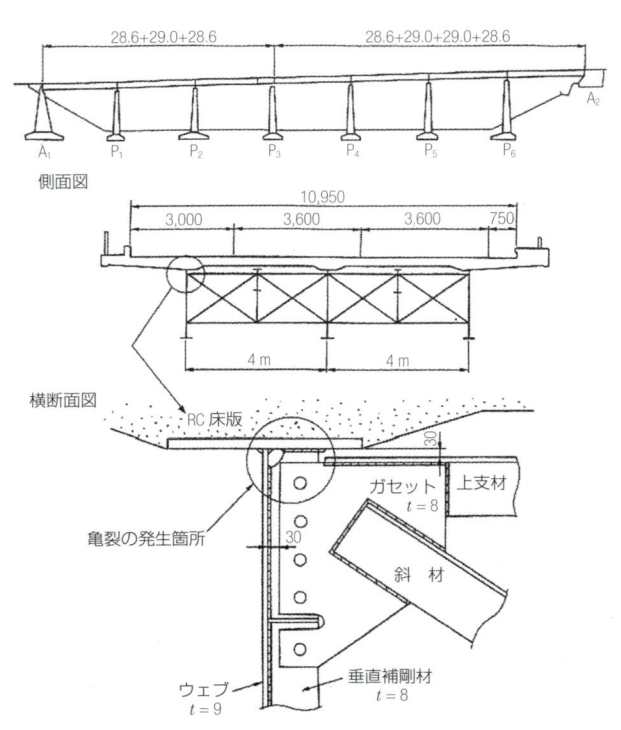

図-9.14（a）分配対傾構を取り付けた垂直補鋼材の上端部に発生する疲労亀裂（東名高速道路Ｔ高架橋）

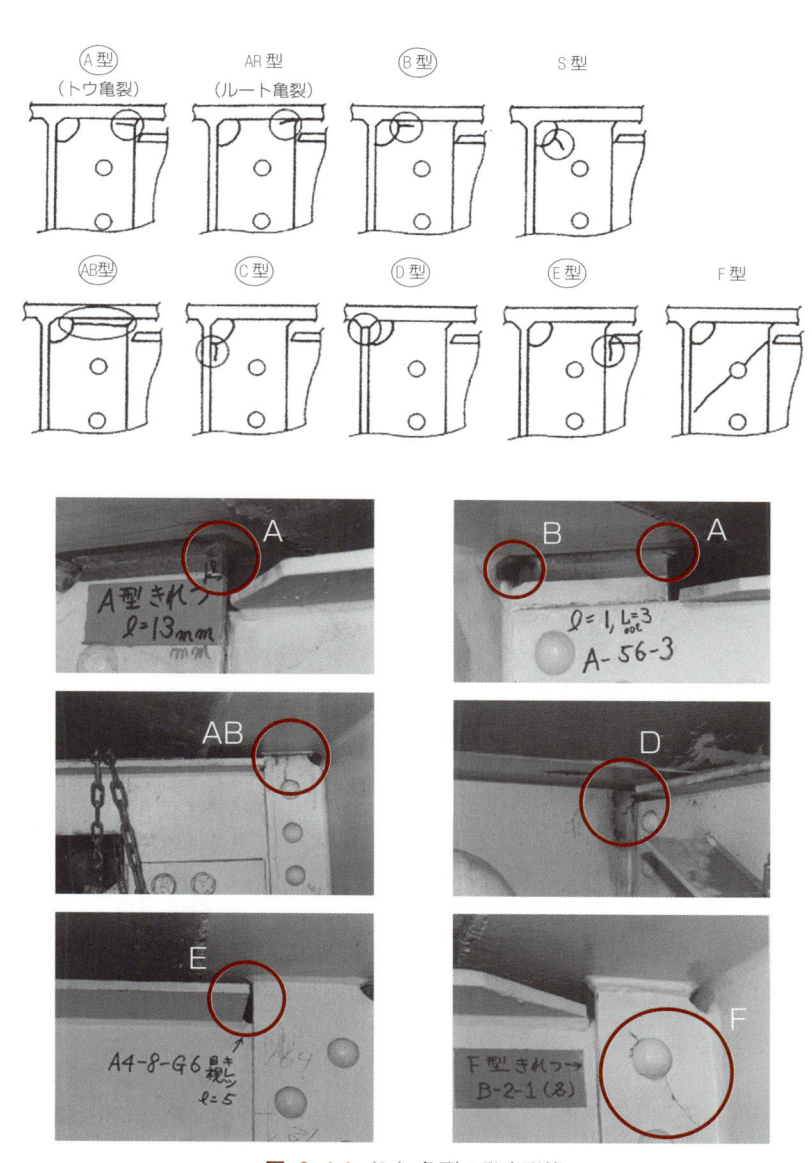

図-9.14（b）亀裂の発生形態

主桁垂直補剛材の接合部である．疲労亀裂は垂直補剛材と主桁上フランジとの溶接部（A，B），垂直補剛材と主桁ウェブの溶接部（C），主桁のフランジとウェブとの首溶接部（D）など，様々な形で発生する典型的な変位誘起疲労である．

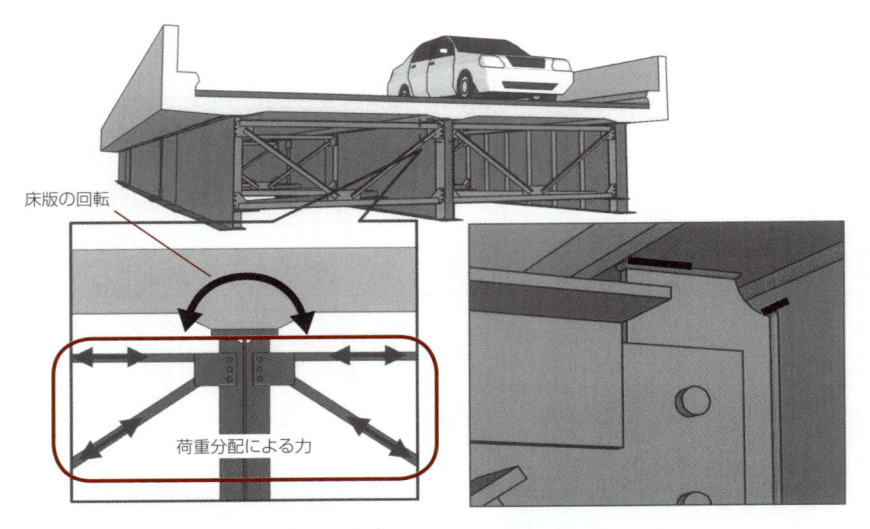

図-9.15　疲労亀裂の原因となる局部応力の発生メカニズム
RC床版の回転と，主桁間の荷重分配による対傾構部材の変位

　疲労損傷の原因は，横桁や対傾構による荷重分配効果と鉄筋コンクリート床版（RC床版）の自動車荷重の作用による強制的な回転とされている（図-9.15）．すなわち，自動車がRC床版に載るとRC床版は変形し，主桁の上で回転する．主桁と垂直補剛材に伝えられた回転は，横桁位置や対傾構位置では，その取付け構造により拘束され，一般部に比べて高いモーメントが生じる．自動車は横桁と主桁で共同して支えられる．その際，隣接する主桁の間でたわみに差が生じ，対傾構の各部材に変位が生じる．また，分配横桁の取付け部では，荷重分配作用に伴って生じる横桁の変位により，その端部に固定端モーメントが生じ，それが主桁で支えられる．このような力の流れと変形に対して，接合部の疲労抵抗が十分ではない場合に疲労亀裂の発生につながる．これは道路橋で最も数の多い疲労損傷である．

9-3-4　トラス橋の床組部材[3), 4)]

　図-9.16は上路トラス橋の床組部材を主トラス部材に取り付けるコネクションプレートに生じた亀裂である．最初に疑うべき原因は設計と実構造の差である．設計では横桁は主桁により単純支持されていると仮定するため，その継手部はモーメントに抵抗できるような構造ディテールになっていないことが多

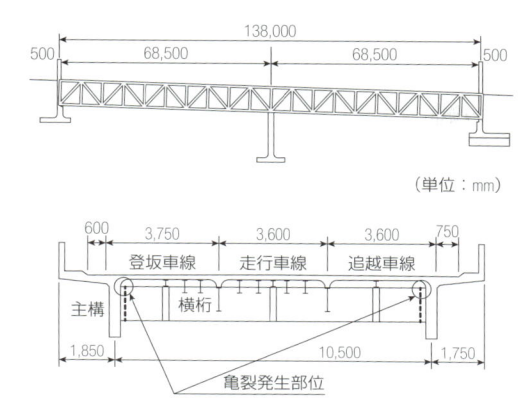

（単位：mm）

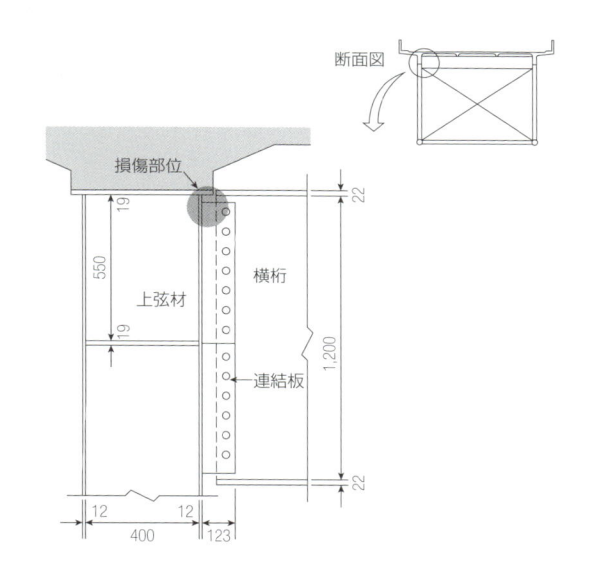

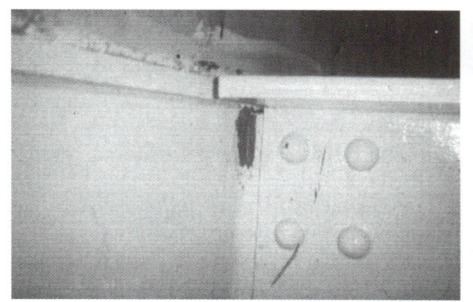

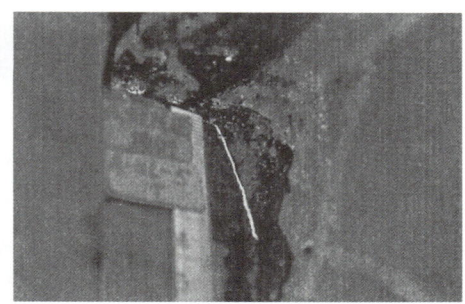

図-9.16 上路トラス橋 床組部材（横桁）の取付け部の亀裂

い．しかし，実際の接合構造は，主トラス部材に溶接されたコネクションプレートに横桁のウェブが多数のリベットで接合されており，固定端モーメントが生じる．この固定端モーメントがコネクションプレートの上端部溶接部に高い局部応力を発生させることになり，疲労亀裂の発生につながったと考えられる．隣接する同様の構造の上路トラス橋では，横桁の上フランジがコネクションプレートを介して主トラスの上弦材の上フランジに溶接されており，その橋ではこの部位には疲労損傷は認められない．このコネクションプレートは現場で溶接されており，この部分の固定端モーメントに対する対策としてとられた措置と考えられる．

　もう一つの原因は，主トラスと床組との相対的な変位の差である．自動車荷重が載荷した際に，RC床版と床組部材は橋軸方向に変位し，床版のコネクションプレートに面外方向の変位が生じる．これが疲労の原因となる．トラスと床版との相対的な変位差は支間の中央から離れるほど大きくなることから，このメカニズムが支配的な場合は，疲労亀裂は支承に近いほど厳しくなる．すなわち，疲労亀裂の発生は橋の端部のコネクションプレートから始まり，橋の中央部へと移行していく．

9-3-5　上路アーチ橋の垂直材[3), 4)]

　上路アーチ橋において，主桁とアーチリブは垂直支材を介して連結される．垂直支材と主桁およびアーチリブはリベットや高力ボルトで接合される．したがって，主桁上の自動車の通過により桁が変形した際に，その接合部に固定端モーメントが生じる．設計では垂直材と主桁あるいはアーチリブは中央のクラウン部を除いてピン結合と仮定されることが多く，その結果接合部は固定端モーメントに耐えられるような構造ディテールになっていないことが多い．

　垂直支材の端部の接合部の構造ディテールの疲労抵抗が低い場合は疲労亀裂が発生する．図-9.17にその例を示す．主桁とアーチリブ間の相対的な変位が各格点で同じと仮定すると，垂直支材の端部に発生する固定端モーメントは垂直支材の長さが短いほど大きくなる．したがって，疲労亀裂は中央部周辺から発生し始め，徐々に端部に広がっていく．

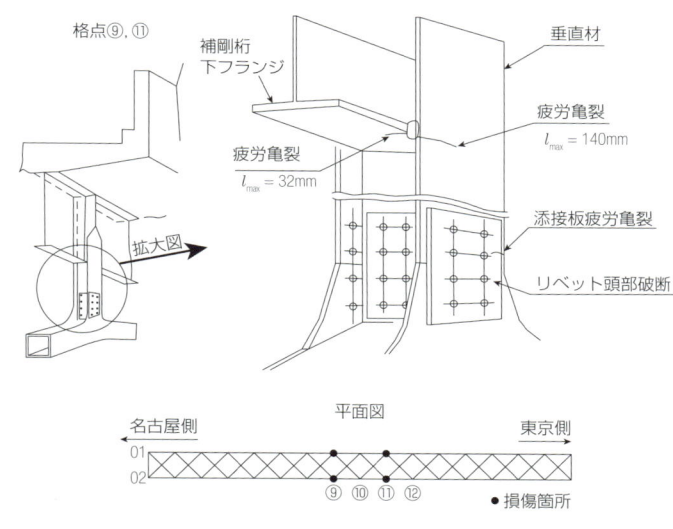

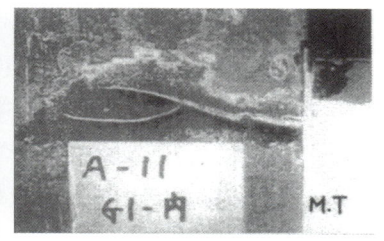

図-9.17 上路アーチ橋の垂直支材と主桁との接合部に生じた損傷

9-3-6 鋼床版構造[3), 4), 6)]

　鋼床版は，**図-9.18**に示すような板厚が12mm程度のデッキプレートを横リブや縦リブで補剛した床版構造であり，軽量化が求められる長大橋や都市部の高架橋，ランプ橋などで採用される．直接自動車荷重を支える構造であり，

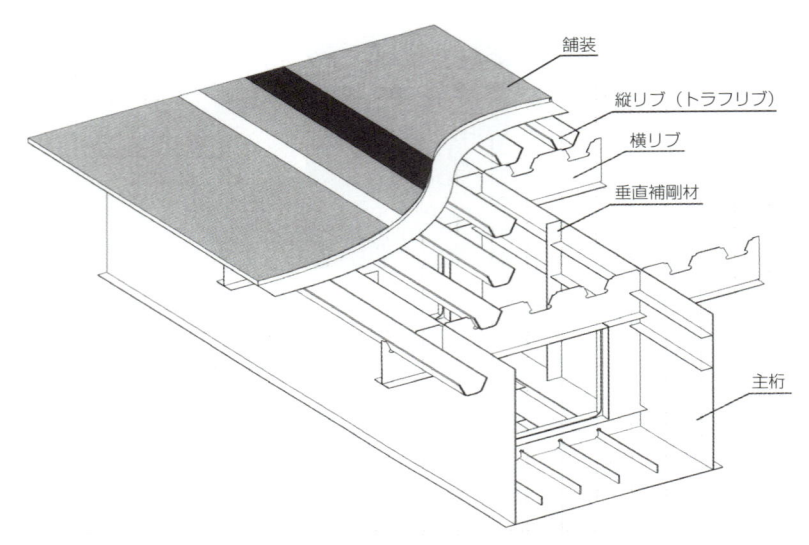

舗装

縦リブ（トラフリブ）

横リブ

垂直補剛材

主桁

図-9.18　鋼床版箱桁の断面

しかも薄い鋼板により組み立てられていることから，疲労の影響を受けやすい．旧道路橋示方書においても，鋼床版は疲労設計の対象になってきた．

　鋼床版はドイツで提案された構造であるが，おそらく世界で一番鋼床版を使っているのは日本であろう．日本は首都高速や阪神高速で軽量化のために鋼床版を大量に使っており，ある意味，鋼床版については大変な先進国である．アメリカではVerrazano Narrows橋やGolden Gate橋などの長大吊橋でもRC床版を使うなど，建設時から鋼床版を使った橋は少ない．しかし，多くの吊橋でRC床版を鋼床版に取り替えることが実施されている．

　図-9.19に鋼床版に発生した疲労亀裂の概要を示す．交通量の多い都市部の橋梁での疲労亀裂の発生が急速に増えており，早急に対策が必要である．疲労亀裂はデッキプレートと縦リブとの溶接部（FR1，FR2），デッキプレートと横リブの溶接部（FD1），縦リブと横リブの交差部（DS1，DS2，DR2），垂直補剛材の上端部（BA1），縦リブの突合わせ継手部（RR1），横リブと主桁のウェブ（WD1）と，鋼床版を構成するすべての溶接継手部で発生している．

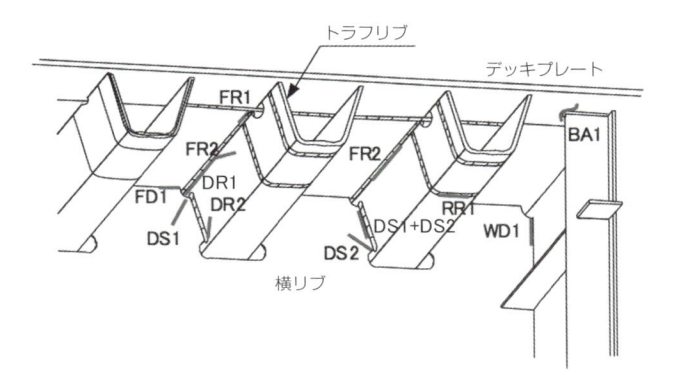

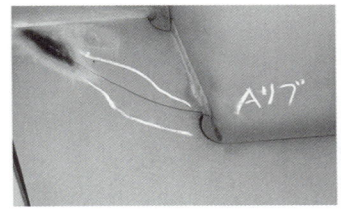

DS2 亀裂

DR1：トラフリブと横リブの間
（トラフリブ側）

DR2：トラフリブ上の亀裂

DR1 & DR2

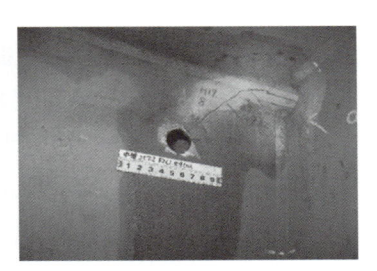

FR2：トラフリブ内に侵入した亀裂

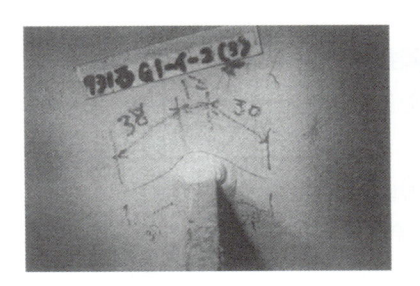

BA1：デッキプレート側のトウから発生

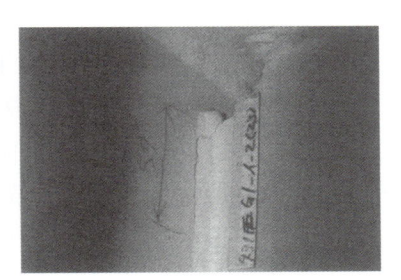

WD1：ウェブ側のトウから発生

図-9.19　鋼床版に発生した疲労亀裂

9-4　分類４：構造物の想定外の挙動[3]

　分類４は構造物あるいはその一部の構造部材が，交通振動，風等により予想もしない振動をして疲労につながるような現象である．タコマ橋は完成後４カ月で風による振動により落橋したが，たわみ振動からねじれ振動に変わった原因は，径間中央部にあるセンターステイと呼ばれる部材の疲労破壊が関係しているとの見解もある．[7]

9-4-1　新幹線橋梁での振動疲労[9]

　第７章で述べたが，東海道新幹線では速度を向上させた際に発生した特徴的な疲労損傷がある．その損傷は，箱桁橋のウェブや下路トラス橋の縦桁ウェブ上の垂直補剛材の下端部に発生している．列車がある速度を超えると，急に下フランジが橋軸直角方向に振動し始める（図-9.20）．この図の例では，時速178km/hでは振動は発生していないが，203km/hになると振動が発生し，面外方向に高い応力が生じている．この振動により生じるウェブの面外方向への変位を垂直補剛材の下端部が拘束することになり，補剛材下端部の応力集中も関係して，疲労亀裂が発生する．開通後25年の時点で約１万カ所で疲労亀裂が発生しており，もしもこのような現象が生じると一気に発生することが特徴である．速度を上げる等の使用状態が変わると，発生箇所や発生モードが変わることにも注意しなければならない．

　箱桁で横構や対傾構が取り付けられている断面では下フランジの振動が抑制されるため，疲労亀裂は発生していない．したがって，この振動疲労に対する防止対策は振動を止めることであり，隣接する主桁の下フランジを部材で連結する，あるいは補剛材端部の応力集中を低減するために，拘束金具を取り付ける（図-9.21）などが有効である．

　同様な，列車の高速化に伴う振動疲労は，箱桁のダイアフラム上のリブ端部（図-9.22）にも発生している．この場合の対策としては，ダイアフラムに山形鋼を取り付けるなどしてダイアフラムの面外振動を低減している．

　応力集中の低減と疲労強度改善を目的としてすみ肉溶接のまわし溶接部の止端部にTIG Dressing処理を施すのも有効である．供用開始後30年程度経過

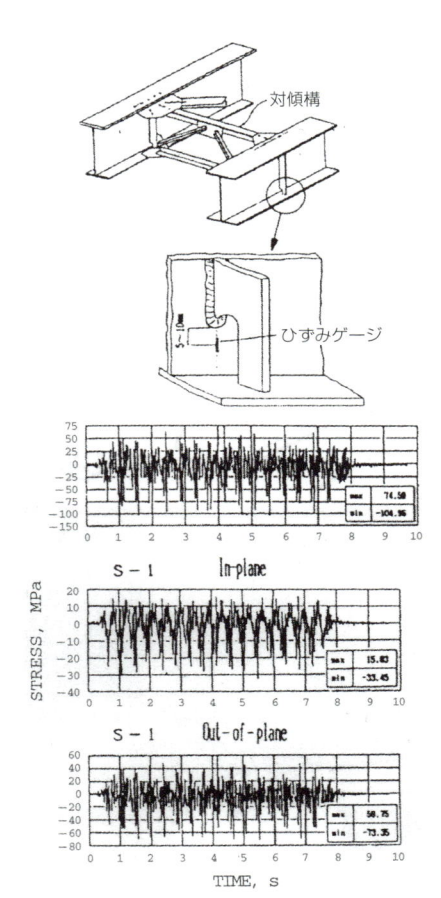

対傾構

ひずみゲージ

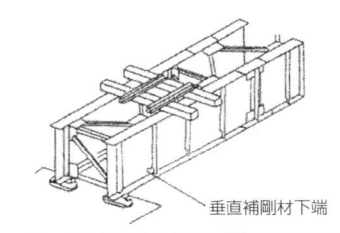

垂直補剛材下端

時速 203km/h の列車通過により生じた応力
上段：測定された応力　+75〜-150MPa が発生
中断と下段：測定された応力をそれぞれ面内成分と
　　　　　　面外成分に分離．面外成分が支配的

図-9.20　列車の高速走行により下フランジに生じた面外方向振動と
その結果垂直補剛材端部に生じた疲労亀裂

した後，このような亀裂の生じる可能性がある溶接部については一斉にTIG
Dressingを適用している．この際，まわし溶接部の厚さが十分でないと判断
された場合には1－3パスのすみ肉溶接を重ねた後にTIG Dressingを行って
いる．2万カ所を超える継手にこのような予防保全的措置が実施されたが，そ
の後その箇所での疲労亀裂の発生は報告されていない．

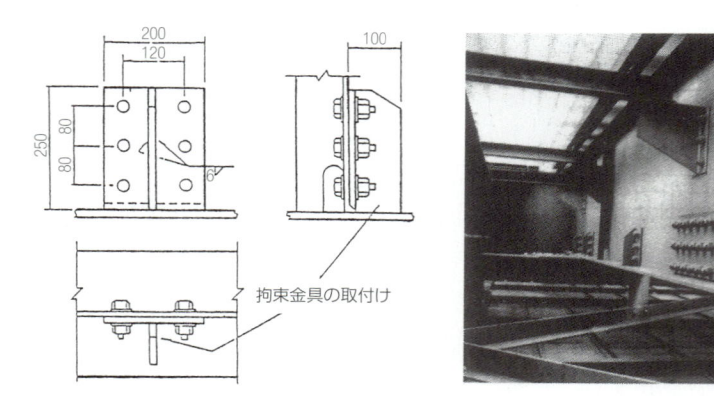

図-9.21　振動防止対策

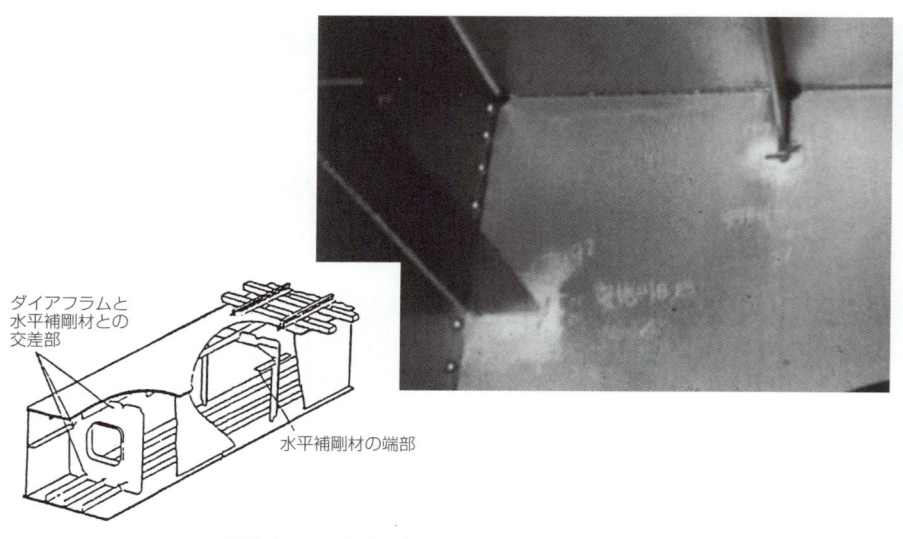

図-9.22　箱桁ダイアフラムに発生した疲労亀裂

9-4-2　風による振動[3), 4)]

　橋梁の長い部材に風が当たった際，その後ろ側にカルマン渦が発生し，その結果として部材に振動が生じることがある．**図-9.23**は米国のChester橋（現在の名称はCommodore Barray橋）であり，工事中に多くの部材に激しい振動が生じたために，それを抑えるためのダンパーが斜材や垂直材に取り付けられた．

　このようなカルマン渦に起因する振動疲労は，Chester橋以外にもかなりの数のアーチ橋に生じている．**図-9.24**の橋では完成後数カ月で，垂直支材と

Chester橋の全景

図-9.23　Chester橋（現コモドア バリー橋），斜材・垂直材に取り付けられた多数のダンパー

主桁との接合部に疲労亀裂が生じた．この対策は振動させないことである．**図-9.25**にその対策の例を示すが，部材の間をワイヤーで連結する，部材にワイヤーを巻き付けてカルマン渦の発生を抑えるなどの対策が取られている．また，疲労損傷のおそれがある接合部の構造を改善することも行われている．斜張橋のケーブルにも同種の損傷が発生する可能性がある．そのために，ケーブルを

図-9.24　風による疲労損傷（垂直支材と主桁の接合部）

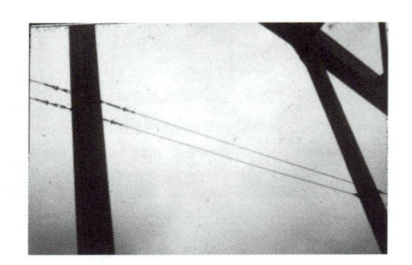

（a）ケーブルによる連結

（b）接合部の補強

（c）ワイヤーの巻付け

（d）ケーブル表面にディンプル（凹凸）加工

図-9.25　風による振動対策

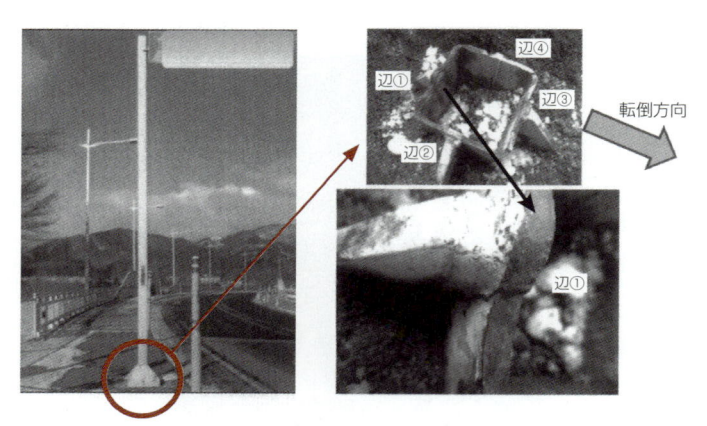

図-9.26　標識柱の破断と転倒（国土交通省提供）

包むポリエチレンカバー表面にディンプルを設けることも行われている.

　風による振動疲労は，標識柱や照明柱の疲労損傷の主原因になっている（**図-9.26**）. このような風による振動は設置後すぐに生じるため，振動が生じた

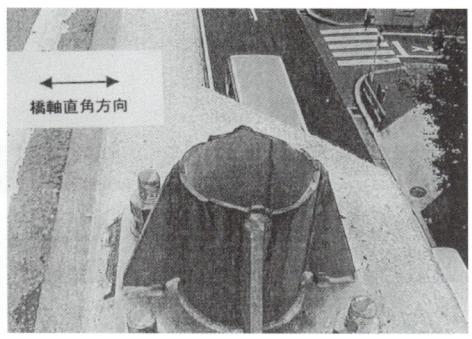

（a）　　　　　　　　　　　　　　（b）

図-9.27　落下した標識柱

ら速やかに対策を講じることが肝要である．

9-4-3　路面の交通振動により誘起される振動疲労

　都市内高速道路などの高架上の路面は，交通荷重により常に振動している．その振動は大変広いスペクトルを有しており，路面上の標識柱や照明柱に振動が発生することがある．図-9.27は都市内高速道路の標識柱に発生した事故である．事故後，同一形式の柱を点検したところ，789本のうち10本に疲労亀裂が発生していた．このような柱が路面の交通振動を拾って振動するかどうかは，柱の高さ，径，板厚，取り付けた標識の大きさなどに依存するため，設置後の点検が事故防止の決め手となる．

〔参考文献〕

1）三木千壽，伊藤裕一，後藤清彦：疲労損傷に対する補修事例のインターネット上データベースの構築との利用，土木学会論文集No.668/I-54, pp.271〜281（2001.1）

2）道路橋示方書同解説鋼橋論，p.479，表-解16.4, 5，日本道路協会（2012.3）

3）三木千壽：橋梁の疲労と破壊，朝倉書店（2011.9）

4）鋼橋の疲労，日本道路協会（1997.5）

5）鋼道路橋の疲労設計指針，表3, 2, 1，日本道路協会（2002.3）

6）土木学会：鋼床版の疲労，鋼構造シリーズ4（1990.9）

7）川田忠樹：だれがタコマを墜としたか，建設図書（1999.8）

8）日本鋼構造協会：JSSC Report No.81，鋼橋付属物の疲労（2008.7）

9）K. Sakamoto, C. Miki: Vibration Fatigue of Steel Bridges of the Bullet Train System, IABSE Workshop Lausanne（1990）

10）C. Miki: Fatigue and Fracture of Welds in Civil Structures, Science and Technology of Welding and Joining, Vol.5, no.6（2000）

11）町田文孝，三木千壽，吉岡照彦：スカラップを有する主桁ウェブ貫通型取り合い構造の疲労特性，土木学会論文集，No.612/I-46（1991.1）

第9章　橋梁に生じる疲労とその分類

第10章

道路橋疲労の原因は過積載トラック

重量車両自動検知システムの画面.
総重量10トンを超える車両の形式, 写真, 通過
時間などが自動的に記録される.

10-1　活荷重と応力範囲

10-2　道路橋の設計自動車荷重

10-3　自動車荷重の実態

10-4　Weigh in Motion (WIM)

　鋼橋における疲労の一番の原因は活荷重，すなわち橋梁上を通行する車両の重さである．道路橋であれば自動車荷重，鉄道橋であれば列車荷重となる．道路橋の上を通過する車両のすべてが法定重量を守っていれば，今のような深刻な状況にはならなかったはずである．

10-1　活荷重と応力範囲

　図-10.1に示すように橋上を車両が通過すると，橋梁部材中にはそれに伴って変動するひずみが発生する．ひずみに弾性係数Eを乗じると応力が求まる．通常の乗用車の重量は1トン程度であるが，3軸のトラックでは空車で10トン程度，荷物を載せたときの総重量は，設計で想定している25トンよりはるかに重いのが実態である．図-10.1の2台のセミトレーラはもちろん過積載状態である．したがって，橋梁の疲労を考えるうえでは，どれだけ重たいトラックがどれだけ通っているか，どれくらい過積載の車両がいるかが重要となる．

　第5章と第8章で示したように，応力範囲と疲労寿命の関係を示すS-N線の勾配は両対数で3であり，応力範囲の3乗に反比例する．応力範囲は多くの場合活荷重応力であり，したがって10トンのトラックが構造物の疲労度に及ぼす影響は，1トンのトラックのそれに比べて1,000倍ということになる．

　道路橋では自動車の並び方と車間距離および自動車の重量が部材の断面力の変動に影響する．したがって自動車列の構成，大型車の混入の程度は重要な影響を及ぼす．疲労被害を及ぼすのはトラックのみであり，乗用車は大型車の間

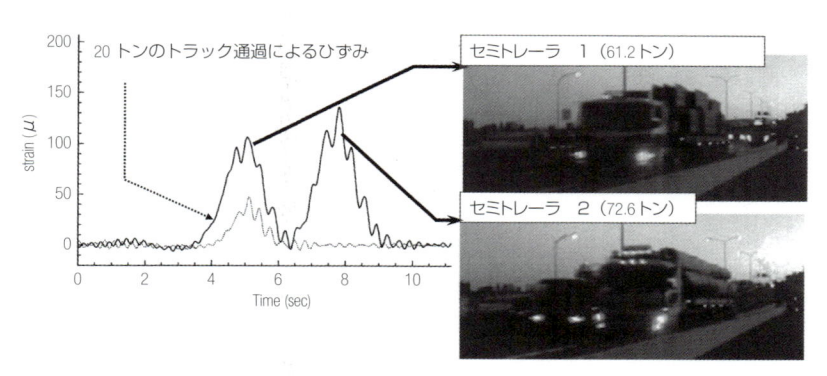

図-10.1　トラック通過により橋梁部材に生じるひずみ

第10章　道路橋疲労の原因は過積載トラック

隔を取るためのスペーサ的な役割，すなわち疲労防止にとってプラスの効果となる．

　図-10.2は電車荷重のような荷重列が，スパンが2.5mから50mまでの単純支持桁橋の上を通過したときの橋梁の中央断面に生じる応力波形を示す[1]．スパンが車軸間隔2.5mに等しい短い桁では車軸の通過ごとに，スパンが5mではボギー台車の通過ごとにと，応力は何度も上がり下がりを繰り返すのに対して，スパンが25mを超えると応力は荷重列が進入するとともに上昇し，通り過ぎるまでほとんど変動しない．疲労被害への厳しさの程度は応力範囲の3乗（Sr^3）にその繰返し数（N）を乗じることにより評価できることから，短いスパンの橋梁，影響線の基線長さが短い構造部材が，疲労に対してより厳しいことが理解できるであろう．

　短いスパンの橋梁，影響線の基線長の短い部材が疲労に対して厳しい理由は応力の構成からも明らかである．橋梁の上部構造の断面を決定する荷重条件としては，死荷重（D）と活荷重（L）から構成される，いわゆる常時荷重が支配的になることが多い．死荷重による応力σ_Dと活荷重による応力σ_Lの和が許容応力σ_aを超えないように断面が決定されるが，疲労から見るとσ_Lが応力範囲に相当する．したがってσ_Lがσ_aに占める割合が構造部材の疲労に対する厳しさを示すといえる．

　一般的にスパンの長い橋梁，影響線の基線長さが長い部材では死荷重応力の占める割合が大きくなり，スパンの短い橋梁では活荷重応力の割合が大きくな

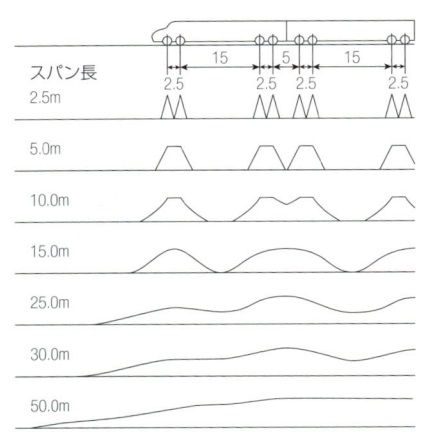

図-10.2　電車荷重の通過によって橋梁の中央に現れる応力波形

る．したがって，疲労については，活荷重により発生する応力範囲からもその繰返し数からも，スパンの短い橋梁が厳しくなる．

10-2 道路橋の設計自動車荷重

　平成5年11月の道路構造令第35条の設計自動車荷重の改正までは**図-10.3**に示すようなトラックを想定したT荷重とT荷重が連行する自動車荷重をモデル化した分布荷重のL荷重から構成されており，1等橋を対象としたTL-20と2等橋を対象としたTL-14が用いられてきた．高速自動車道，一般国道，都道府県道，基幹的な市町村道についてはTL-20活荷重を用いるものとされていた．また，港湾道路などの特定の路線には4軸のTT43（**図-10.4**）が用いられてきた．TL-20は昭和31年（1956年）に制定され，平成5年まで使われてきたことから，日本の多くの橋はTL-20が設計に用いられているということになる．平成5年に制定された新しい活荷重はA活荷重とB活荷重から構成されており，TL-20を用いてきたような橋についてはB活荷重を用いる（**図-10.5**）．

　前にも述べたように，道路橋の設計に陽な形で疲労設計が導入されたのは

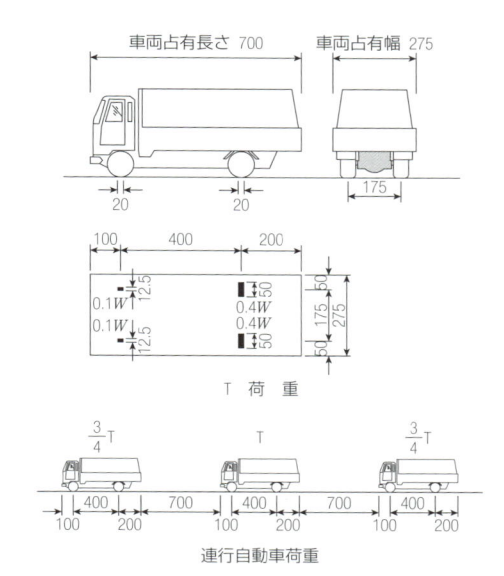

図-10.3　旧示方書におけるT荷重とL荷重で想定した連行自動車荷重（単位：cm）

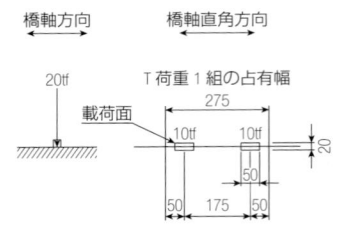

図-10.4 T荷重（単位：cm）

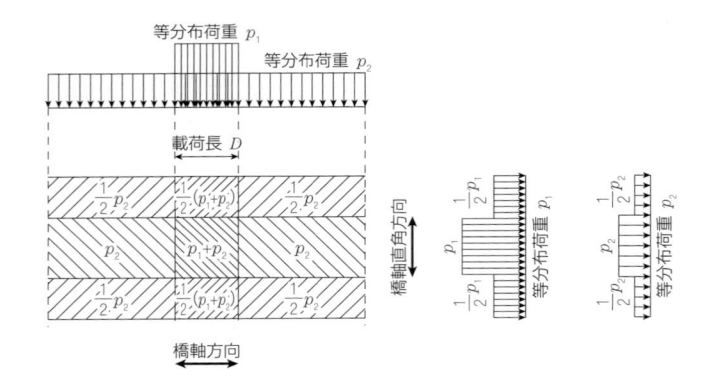

主載荷荷重（幅5.5m）						従載荷荷重
等分布荷重p_1		等分布荷重p_2				
載荷長D(m)	荷重（kgf/m²）		荷重（kgf/m²）			
	曲げモーメントを算出する場合	せん断力を算出する場合	$L \leqq 80$	$80 < L \leqq 130$	$L > 130$	
10	1,000	1,200	350	$430 - L$	300	主載荷荷重の50%

L：支間長（m）

図-10.5 道路橋の設計に用いられるB活荷重

2002年である．それまでの道路橋示方書には「道路橋については鋼床版を除いて疲労照査の必要はない」とされてきた．その理由として「道路橋においては鉄道橋に比べた場合，設計応力に占める活荷重応力の割合は小さく，また設計活荷重に相当する活荷重が載荷される頻度が小さいため，…」としている．もしもすべての自動車の重量が法定以下であれば日本の道路橋における疲労問題は現状よりはるかに軽微，あるいは起きていなかったであろう．したがって，過積載の自動車は厳重に取り締まり，排除しなければならない．しかし，残念ながら実態は多くのトラックが過積載であり，もはやそれらを法定積載に

抑えることは大変難しいと言わざるを得ない．欧米をはじめとして，多くの国で採用されている限界状態設計法（荷重係数強度係数設計法Load and Resistanse Factor Design:LRFD）では，設計活荷重と実際の活荷重との差を活荷重係数として考慮するようになっている．荷重係数は1を超える値に設定されており，過積載は世界共通の課題となっている．

10-3　自動車荷重の実態

図-10.6は1980年代に日本道路協会の委員会で実施された自動車重量およ

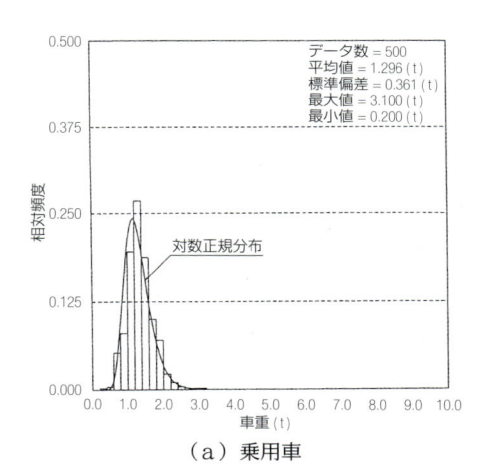

（a）乗用車

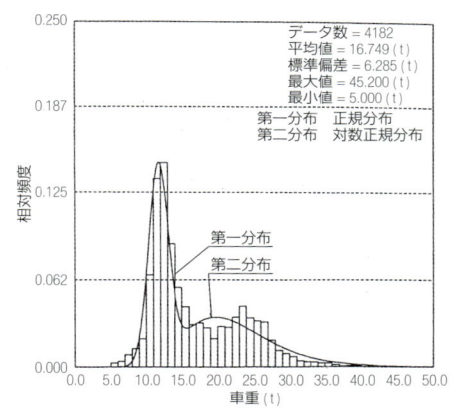

（b）大型トラック（後タンデム）

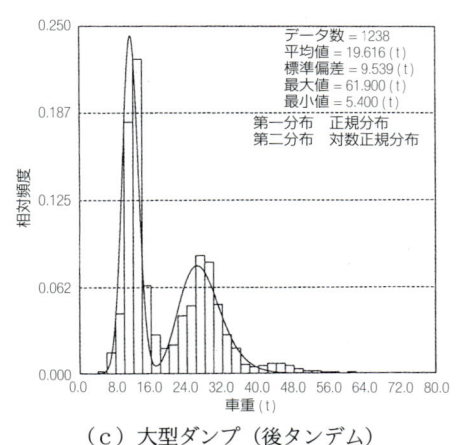

（c）大型ダンプ（後タンデム）

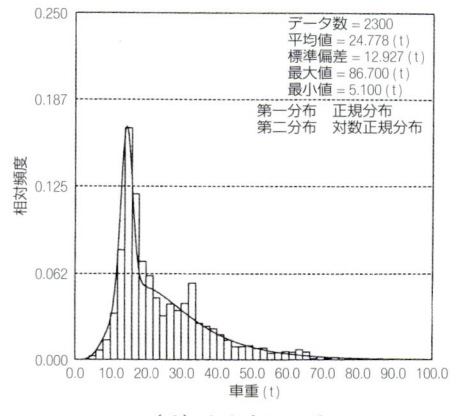

（d）セミトレーラ

図-10.6　車両重量の頻度分布

第10章 道路橋疲労の原因は過積載トラック

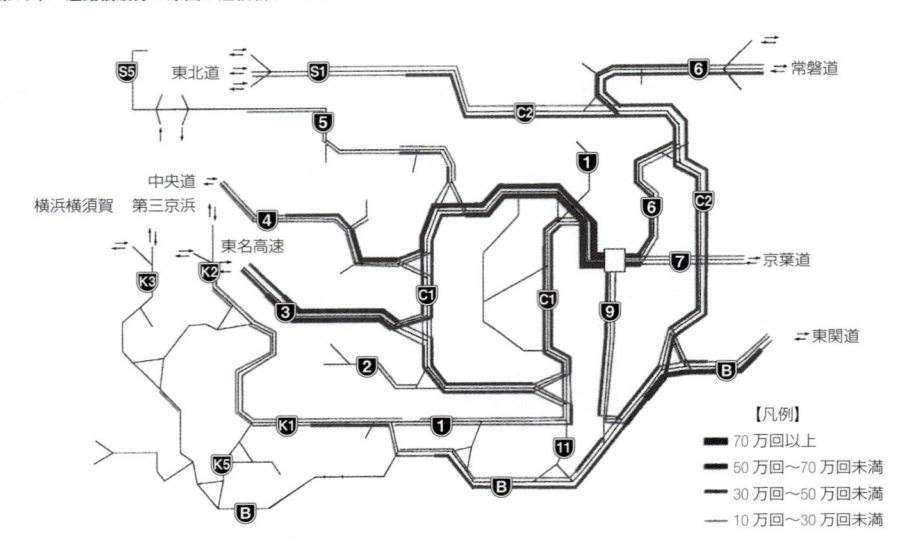

図-10.7　首都高速道路開通（1962年度から2001年まで）の累積等価繰返し回数

び軸重の実測結果の分布である[2]．この調査は，道路橋の設計を限界状態設計法に変えるための検討に関連して行われたものである．図中の（b）の大型トラックおよび（c）の大型ダンプに対する法定重量は20トンであるが，多くの車両重量は20トンを超えており，最大値はそれぞれ45.2トン，61.9トンとなっている．この検討からはT-20およびL-20に対する荷重係数の設定には至っていないが，委員の多くはT-20に対しては3.0程度，L-20に対しては1.7程度の活荷重係数を設定する必要があるとの印象を持った．

　車両の重量の実態は道路管理者にとっても関心が高く，全国の国道や高速道路においても，本線の中に重量が測定できる装置を組み込み，継続的に調査している[3]．また，高速道路の料金所でも重量計が取り付けられており，過積載車両は進入させないようになっている．しかし，料金所からそのような車両を排除するための車線が確保できないなどの理由で，実際に過積載車両を排除できている高速道路は少ない．

　図-10.7は首都高速道路の料金所で測定された軸重と交通量調査から，各路線の疲労に対する厳しさを，ある換算により求めた標準軸重（個々では20トン）の通過台数として表現した結果である[4]．神田橋と箱崎の間，東名高速道路につながる3号線，環状1号線などが厳しく，比較的開通が遅い湾岸線も厳し

い環境にあることが分かる．このような疲労環境の評価結果は疲労損傷の発生をある程度説明することができ，維持管理において有用な情報となる．

10-4　Weigh in Motion (WIM)

著者らは車両が橋上を通過したときに生じる橋梁部材の応答から逆解析によって車両重量を求める Weigh in Motion（WIM）システムによって交通荷重をリアルタイムで，しかも長期のモニタリングを実施している[5]~[7]．このアイデアは橋を秤とするものであり，簡単に言えば1トンの車が通過したときに1mmたわんだ，それでは10mmのたわみが生じたときには10トンの車が通過した，と推定するということである．WIMとは自動車荷重を静止させることなく測定するという意味からこのように呼ばれている．

WIMは1970年代に米国のF. Mosesによって提案され[9]，様々な応用がなされている技術である．ヨーロッパでは1993年から1998年にかけてWIMプロジェクト（COST323）[10]が実施された．ここでは精度に関して，以下のように示している．

A (5)：総重量誤差5%，法的な重量制限に用いることができる．

B$^+$(7)：総重量誤差7%以内

B (10)：総重量誤差10%以内，インフラの設計・メンテナンス等に用いる．

C (15), D$^+$(20)：総重量誤差が15%以内あるいは20%，疲労度の評価などに用いる．

D (25)：総重量誤差25%以内

E：D (25)を満たさないシステム

多くのWIMは桁に貼付したひずみゲージあるいは変位計の出力から自動車の重量を求めるが，本線や料金所などで採用されている埋込み型軸重計に比べて非常に簡便であり，車両が安定して走行している状態でその重量を計測できるため，交通流を乱すことなく，しかも運転者に気づかれることがないなどの利点がある．そのコンセプトは次のとおりである．

(1)　軸重や軸配置などが既知のテストトラックの通過から，逆解析によりひずみの影響線（グリーン関数）を求める．ひずみ測定点としては，通常は主桁の下フランジが選ばれる．

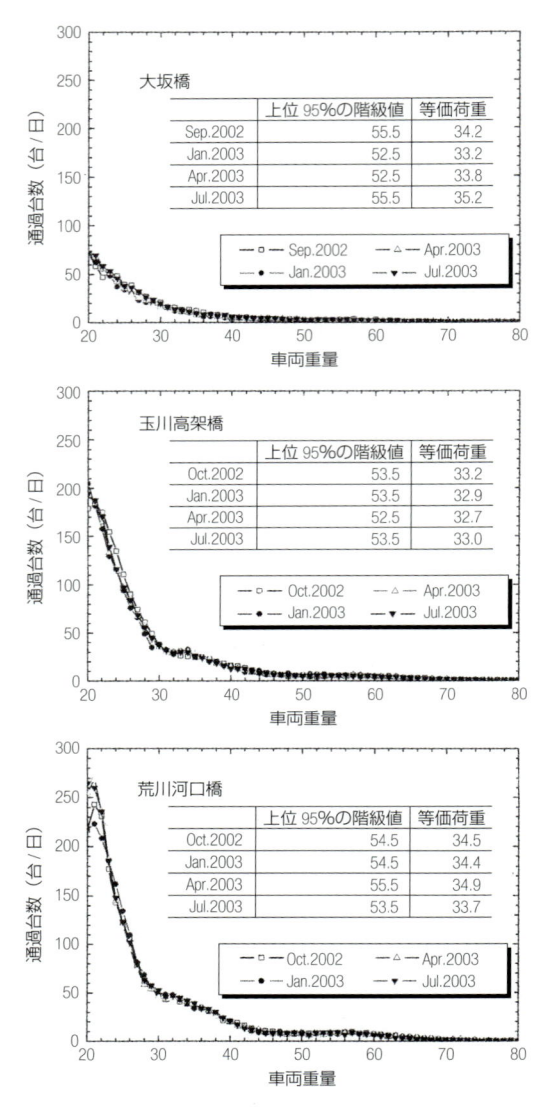

図-10.8　重量頻度分布の年変動（単位：tf）

(2)　自動車が通行した際の測定点でのひずみ記録を求める．

(3)　影響線と(2)のひずみ波形から，軸距，軸重を求める．

　図-10.8は国道246号の大坂橋（渋谷），玉川高架橋（多摩川の近く）および国道357号の荒川河口橋でのモニタリング結果を車両重量が20トン以上について

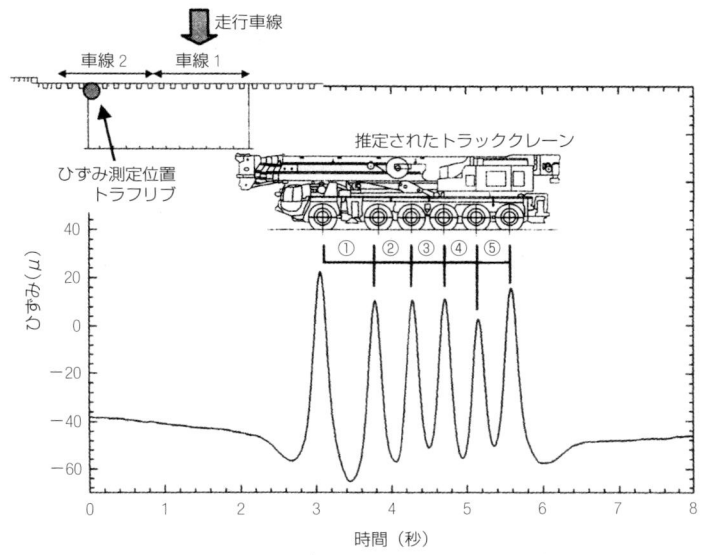

軸間隔からの車種推定

	総重量 (tf)	軸間隔 (m)				
		①	②	③	④	⑤
測定値	99.0	2.81	1.96	1.62	1.73	1.66
推定されたトラッククレーン	98.0	2.85	1.70	1.75	1.65	1.70

図-10.9　橋梁上を通過する巨大車両の例

1カ月の平均値で示したものである[7]．いずれの橋も多くの重量車両が通過していること，ここで示した2002年10月から2003年7月の間では通過車両の重量に変化がないことが分かる．図中の等価荷重とは重量の3乗平均値の3乗根であり，疲労強度曲線 (S-N線) の勾配が1/3であることより，この等価荷重を用いれば疲労に対する影響の程度はその台数を用いて評価することができる．上位95%の階級値とは頻度分布の95%に相当する数値である．

　等価荷重および95%階級値とも3橋でほとんど同じとなっている．すなわち，20トン以上の車両については，3橋において通過台数は異なるが，構成比率などはほぼ同じであるといえる．したがって，疲労に対する厳しさは通過する台数で評価することができる．3橋ではその順は荒川河口橋，玉川高架橋，

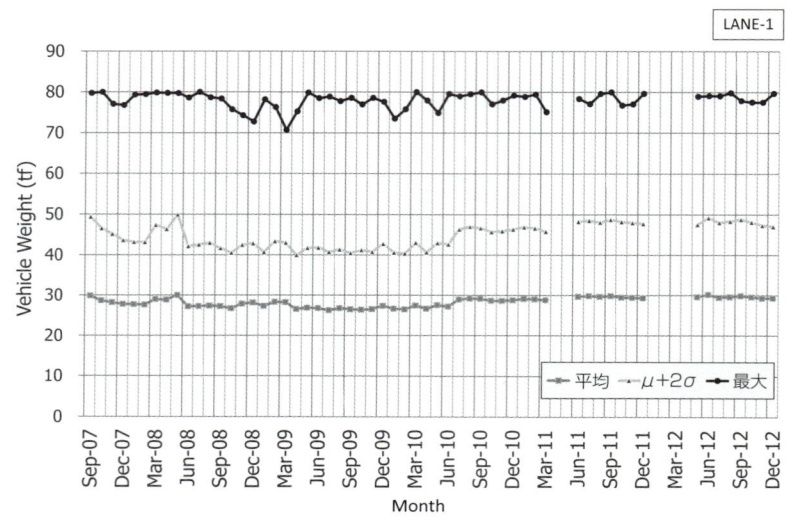

図-10.10　活荷重の5年間の記録（月変動）

大坂橋となる.

　このモニタリング期間に通過した最大車両重量は大坂橋で103.7トン，玉川高架橋で123.2トン，荒川河口橋で99.0トンであった．図-10.9はある橋での著大重量車両通過時のひずみ記録である．測定された軸間隔と車両のカタログから推定された車両は車両総重量が98.0トンのトラッククレーン（台車49.0トン，旋回体＋ブーム49.0トン）で，もちろんであるが，公道を走行する場合は旋回体とブームは別送し，台車のみで走行することが法律で決められている．このモニタリングシステムには現在はビデオも組み込めるようになっており，その画像からも走行車両の型式，登録番号を特定できる．

　首都高速3号線では5年間にわたりWIMシステムで車両重量をモニタリングしている．図-10.10[8]は総重量が10トンを超える車両についての月最大値，平均値（μ），98%非超過確率に対応する$\mu+2\sigma$（σ:標準偏差）の値である．活荷重の大きさは5年間でほとんど変動せず，平均値が30トン，$\mu+2\sigma$が50トン，最大値が80トン程度である．

　平成5年（1993年）の設計自動車荷重の改定の際には過積載車の取締まりを厳しくすることが決められ，しばらくは法定重量の2倍を超えるような過積載車は減る傾向にあると考えられていた．しかし，モニタリングの記録を見る限

り，過積載車両は減少しているとはいえない．

　過積載車両は決して許されることではない．今も過積載車両の取締まりは実施されてはいるが，効果があったとはいえない．わが国の過積載のひどさは世界でもトップランクである．

〔参 考 文 献〕
1）伊藤文人，近藤時夫，阿部英彦：全国新幹線網用構造物の疲労を考慮する場合の許容応力度，構造物設計資料（1972.12）
2）建設省土木研究所構造橋梁部橋梁研究室：限界状態設計法における設計活荷重に関する検討，土木研究所資料第2539号（1988.1）
3）石井孝男，篠原修二：東名高速道路における活荷重測定と荷重特性について，土木学会論文集，No.453/Vi-17, pp.163〜170（1992）
4）時田英夫，永井政伸，三木千壽：交通データをベースとした首都高速道路の疲労環境の評価，土木学会論文集，No.794/I-72, pp.55〜65（2005.7）
5）三木千壽，村越潤，米田利博，吉村洋司：走行荷重の重量測定，橋梁と基礎，pp.41〜45（1987.4）
6）三木千壽，水ノ上俊雄，小林裕介：光通信網を使用した鋼橋梁の健全度評価モニタリングシステムの開発，土木学会論文集，No.686/Vi-52, pp.31〜40（2001）
7）小林裕介，三木千壽，田辺篤史：リアルタイム全自動処理Weigh-in-Motionによる長期交通荷重モニタリング，土木学会論文集，No.773/I-69, pp.99〜111（2004.10）
8）三木千壽，古東佑介，佐々木栄一，齊藤一成，石川裕治：光ファイバセンサシステムを用いた都市高速道路橋の長期継続モニタリング，土木学会論文集A1（2015）
9）F. Moses：Weigh-in-Motion system Using Instrumented Bridges, ASCE, Vol.105, No.TE-3, pp.233-249（1979）
10）COST323, Weigh-in-Motion of RoadVehicles. CORDIS, 2009 (2014)

第10章　道路橋疲労の原因は過積載トラック

第11章

腐食および応力腐食割れによる事故

鋼桁橋の支承部.
支承には橋軸方向への移動と回転機能が求められる.
腐食により，両方の機能が失われ，**9-3-1** のような疲労
の原因となる.

11-1　木曽川大橋

11-2　辺野喜橋

11-2　新　菅　橋

　腐食は鋼橋に生じる代表的な損傷である．腐食を防ぐために鋼部材の表面には塗装が施される．定期的な塗替えなどの適切なメンテナンスが行われていれば腐食による深刻な損傷が生じるとは考えられないが，局部的な腐食などは見落とされることがある．

　応力腐食は静的疲労とも呼ばれ，思わぬ損傷につながることがある．Point Pleasant橋の事故は応力腐食割れが原因であったと報告されている．高力ボルトの遅れ破壊は応力腐食の一種であり，高強度の鋼材を使用したPCの緊張材やアンカーなどでも同様な遅れ破壊は発生する可能性がある．

11-1　木曽川大橋[1]

　国道23号が木曽川を渡る下路式単純鋼ワーレントラス橋12連のうちの1連で事故は発生した．支間は70.3m，主構間隔は8.6mであり，1963年に供用開始している．上り線の1連の斜材でコンクリートを貫通した部位が腐食して破断した．破断は平成19年6月20日に発見されている．

　破断位置は**図-11.1**に示すように斜材の下端部である．斜材の外側フランジはさほど腐食が進んでいるようには見えないが，内側のフランジおよびウェブは腐食によりほぼ消失している．腐食の著しい範囲は破断した断面の上側10-20mm，下側40-50mmと，極めて局部である．この斜材は地覆コンクリートに埋め込んでおり，破断は地覆コンクリートの下面で生じている．

　平成11年（1999年）に岐阜県の愛岐大橋で，同様な斜材のコンクリートに埋め込まれた際の破断事故が発見されている．そのため，同時期に完成した揖斐長良大橋（同形式14連）とともに，木曽川大橋も平成11年に歩道側はすべて斜材に接するコンクリートを除去して，点検と塗替え塗装が可能な構造に改善されている．この時は今回の破断が起きた反対側の歩道のある側について，断面欠損率が15％を超えるH断面部材への当て板補強48カ所や開口対策168カ所などが実施された．この際，アドバイザーであった名古屋大学の山田健太郎教授より，車道側も実施するようにとの指摘がされたことが橋梁の管理カルテに記載されている．

　車道側（今回の破断側）については昭和41年（1966年）に下り線が完成した際に歩道部が撤去されたが，コンクリート貫通部は残されたままになっていた．こ

（a）木曽川大橋の斜材の破断（○印）と支持部材と補修足場の設置

（b）コンクリートの上側と下側の腐食状況と破断した断面

- 破断の約8年前に他橋梁での同様な破断事例を受けて，滞水を防止するための開口対策を一部実施している.
- 未対策箇所は，継続監視を行うことになっていたが，橋梁管理カルテに継続監視の必要性が記載されていなかったことなどにより，継続監視が行われていなかった.

（c）腐食した斜材の補強と斜材を伝って水が滞留しないための開口対策

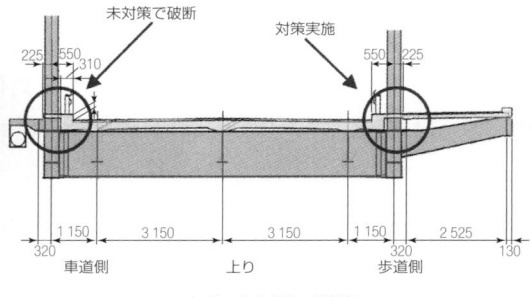

（d）未対策で破断

図-11.1　木曽川大橋の斜材の破断[1]

図-11.2　鋼部材とコンクリートの際に発生する腐食

の部位と下り線側の歩道部のコンクリート貫通部はその後構造改善されることなく「要観察」とされてきたが，そのうちの1本が破断したものである．

　木曽川大橋は平成18年（2006年）1月に定期点検されているが，その際には斜材の腐食は報告されていない．斜材に関して「要観察」とされていたことが当時点検員には伝わっておらず，しかも近接目視が遠望目視に変更された結果としてこの損傷が見逃された．

　木曽川大橋の事故に関して，名古屋大学の山田健太郎教授は土木学会誌の記事で次のように述べている[1]．

　「木曽川大橋の事例では，情報伝達のあり方とそれを予防保全に生かす方法，点検できない構造の改善，点検の評価とそれを生かした補修・補強のあり方，防錆，防食における素地調整（ケレン）の重要さなど，いくつかの教訓が見えてきた．この失敗例を参考として，事故を未然に防ぐために，点検や維持管理のあり方や，個別の橋を安全に長持ちさせるための技術革新につながる広範囲な議論を期待したい」まさに的確な指摘である．

　鋼部材がコンクリートに埋め込まれる際での局部的な腐食は以前から指摘されてきた現象であり，特に斜めに埋め込まれた裏側は，すべての水滴が回り込み，落下していくため，腐食の最も進行しやすい部位である（**図-11.2**）．海岸部などの塩分環境ではさらに状況は悪くなる．照明柱，標識柱などでも同様の現象により，損傷が発生している．

　このようなコンクリートへの埋込みの際に沿っての腐食を防止するために，滞水しないような対策，例えばコンクリート面に傾斜を付ける，樹脂を巻くなどの対策が提案されてきている．また，メンテナンスでの重点点検箇所として

示されてきている．しかし，答申やガイドラインを出しても，それらが実務に反映されていないことが問題である．

11-2　辺野喜橋

腐食が進行し，落橋に至るまでの過程がすべて記録された珍しい事例がある[2]．沖縄県北部の国頭村の辺野喜橋で，橋長35m，単純支持のRC床版鋼プレートガーダー橋である（**図-11.3**）．鋼材は耐候性鋼材*である．海岸から約50mに位置し，耐候性鋼材の使用に適さない場所である．多分，海岸環境であることから腐食に対して強い橋を作ろう，そのためには耐候性鋼材を使おうといった誤解があったと推測される．しかし，とんでもない誤解であり，責任は重大である．

（a）海側

（b）山側：腐食が進行している

（c）落橋

図-11.3　辺野喜橋の状況（図-5.17も参照のこと）

＊耐候性鋼材：合金元素を調整し，表面に強い層を形成して腐食に対して強くした鋼材．合金元素としてはCuやNiが添加される．わが国ではCuを添加した耐候性鋼材が多い．

　この橋は1981年に建設され，2004年に著しい腐食により全面通行止めされた．2008年に著者らが辺野喜橋を訪問した際に，当時，この橋を管理していた国頭村に研究材料としての提供を依頼し，快く譲っていただいたものである．その後，琉球大学の下里准教授を中心に損傷実態調査や腐食環境の調査が実施され，様々なセンサーや遠隔監視カメラなどが取り付けられた．2009年6月24日に集中豪雨が発生し，主桁のたわみが大きく進行し，2009年7月15日に崩落した．

　崩落は支承部に近い位置のウェブとフランジをつなぐ溶接部が切断されたことから始まっている．この位置は橋台の前縁に一致しており，風が橋台の壁に従って吹き上げられ，同時に海塩粒子を橋梁の下フランジ上面部に運んだためと考えられる．

　この橋の位置は河口であり，裏側には山が控えている．この海岸は沖縄本島の西側であり，冬場は常に強い季節風にさらされている．この橋で腐食センサーにより測定した腐食電流量（ACM値）** は琉球大学構内や那覇港の10万倍と，想像を絶するほどの腐食に対して厳しい環境といえる．飛来塩分量は5mdd（mg/100cm²/day）で，耐候性鋼材を無塗装で使えることの限界値0.05mddをはるかに超えており，全国各地での測定値に比べても突出した値となっている．このような激しい腐食環境においてどのような材料と防食対策が適しているかについては今後の研究である．

　辺野喜橋の調査[2), 3)]により，橋梁の中でどの部位に塩分が蓄積し，それが腐食につながるのかなどが明らかにされている．例えば橋梁の外面については腐食はさほど進まない．これは雨により塩分が洗い落とされるためであろう．それに対して桁の内面については腐食が激しく，水平補剛材の上面や下フランジの上面などは特に腐食の進行が激しい．また，周辺の地形も関係し，崩壊のきっかけとなったウェブとフランジの間の溶接が切断した位置は橋台の前縁に一致している．このような経験の蓄積により，腐食に強い橋，メンテナンスでの重点的な点検箇所などが明らかにされていくことを期待している．橋を定期

第11章　腐食および応力腐食割れによる事故

＊＊腐食電流とACMセンサー：腐食電流とは金属間のポテンシャルの差から生じる電流であり，高いほど腐食しやすい．ACM（Atmospheric Corrosion Monitor）センサーはその性質を使って，腐食環境の厳しさを測定するセンサーである．2つの異種金属を互いに絶縁した状態で樹脂中に埋め込み，両者の端部を環境へ露出すると，大気または室内環境でも比較的高い湿度条件ができ，両金属間を水膜が連結するので腐食電流が流れる．この電流は卑な金属の腐食速度に対応するので，センサーとして使える．

図-11.4　落橋した新菅橋

的に水洗いすることも腐食の進行を遅らせる方法といえる．

11-3　新　菅　橋[4), 5)]

　長野県木祖村の村道が木曽川を渡る新菅橋が，ダンプトラックが通過した際に突然落橋した（**図-11.4**）[5)]．**図-11.5**は事故を伝える新聞記事である．新菅橋はアウトケーブル方式のブロック工法で建設されたポストテンション式PC単純箱桁橋であり，昭和40年3月に完成している．この工法はプレキャストセグメント方式とも呼ばれ***，施工期間が短いことや経済性に優れているなどの利点があり，近年では幹線の高速道路などの大規模な橋梁にも適用されている．昭和40年にこのような工法により建設されたことは画期的であった．
　事故は平成元年6月15日正午ごろ，ダンプトラックが通過した際に発生している．ダンプトラックは橋とともに河床に落下した．橋桁を構成するブロッ

＊＊＊プレキャストセグメント形式PC橋：主桁を輪切り状に分割した形で製作したプレキャストセグメントを現場でプレストレスを与えて一体化する構造の橋．

木曽川の橋 崩れ落ちる

通行中のダンプあわや

木祖バスも走る幹線道

昭和40年完成のコンクリート

真ん中からポキリ

木曽川に崩れ落ちた新菅橋とダンプカー

十五日午後零時五分ごろ、木曽郡木祖村薮原の木曽川にかかる村道菅音線・新菅橋の中央部から折れ落ち、渡りきる寸前だった木曽福島町川西の建村会社 ○○○○の大型ダンプカーが後部から滑り落ちた。斉藤さんと助手席の間僚にけがはなかったが、橋はスクールバスや定期バス路線で、ひとつ間違えば惨事になるところだった。

木曽署は、橋の老朽化や重量規制の有無、ダンプの

図-11.5 事故を伝える記事（1989年6月16日 信濃毎日新聞）

ク（セグメント）が目地部で分離して折れ曲がり，河岸と河床に敷き並べられた形となっている．

調査委員会の報告書[5]には次のことが指摘されている．

- 事故はアウトケーブルの破断で生じた．
- アウトケーブルは多層PC鋼より線（37本より）で構成されている．
- ケーブルの破断面は応力腐食割れの様相を示している．
- ワイヤーの引張強度は220kgf/mm^{2}と高い．このワイヤー強度は現在用いられているPCケーブルに比べてかなり高い．
- ワイヤーの破断は左岸定着部近傍で19ケーブル267素線と集中的に生じている．また，その破断位置はソケットの前面の372mmの範囲に集中している．

・右岸側は4ケーブル14素線であり，その位置は32−253mmである．この破断の位置はシージングワイヤーの範囲と一致している．

ワイヤーの破断がソケット前面から外側に外れていることが興味深い．同種のケーブルの応力腐食割れはポストテンション形式のPC構造やアースアンカーなどでも生じているが，その場合はソケット口の近傍で生じることが多い．これはワイヤーやPC鋼棒に生じる応力はソケット口の周辺が高く，したがって応力腐食割れもそのあたりに集中する可能性が高いためである．

報告書によれば，この定着具は束ねた素線をソケットに亜鉛で鋳込んでいる．その時に十分な付着強度を得るためにワイヤーは塩酸で洗浄され，アルカリ液で中和された後に熱湯で洗浄されている．もしもシージングワイヤーまで塩酸に浸してしまった場合には，その後の処理においても塩酸そのものが残留する．塩酸の残留は水素の発生につながること，応力腐食割れの発生は水素に強く関係すること，などが報告書から推察される．

〔参 考 文 献〕
1）山田健太郎：木曽川大橋の斜材の破断からみえるもの，土木学会誌，Vol.93, No.1（2008.1）
2）下里哲弘，村越潤，玉城喜章，高橋実：腐食により崩落に至った鋼橋の変状モニタリングの概要と崩落過程，橋梁と基礎，pp.55〜60（2009.11）.
3）玉城喜章，下里哲弘，有住康則，矢吹哲哉，小野秀一，長嶺由智：長期自然曝露された鋼I桁橋の構造部位別の腐食特性（その1）〜実用的な腐食減厚量の調査方法の検討〜，土木学会第65回年次学術講演会，I-157, pp.313〜314（2010.9）
4）広報きそむら（臨時号）（1989.6.23）
5）新菅橋事故調査検討委員会：新菅橋落橋事故調査報告書（1989.10）

第 5 部

これから何をすべきか

そもそも土木構造物に疲労などの経年劣化が生じることは，設計において想定していないことから，点検や診断についても，それに対応できていないのが実態であろう．経年劣化現象をきちんと把握したうえでの的確な点検と診断こそが最も重要である．

第12章

点検と診断の高度化

超音波探傷による疲労亀裂の検査.
疲労亀裂の有無と深さの判定，溶接割れと疲労亀裂との区別など，超音波探傷を適用しても極めて難しい.

12-1　経年劣化とバスタブカーブ

12-2　点検における4W1H

12-3　点検と診断はチーム作業
12-3-1　事例–1
12-3-2　事例–2

12-1　経年劣化とバスタブカーブ

　機器類の故障を議論するときに，しばしばバスタブカーブが使われる（図-12.1）．バスタブカーブは使い始めてから寿命が尽きるまでの故障の発生の傾向を説明するものであり，使い始めのいわゆる初期故障が生じやすい期間，その後の安定した期間があり，その後老朽化による故障が起き始め，終焉を迎える．インフラにおいても経年が進むと様々な劣化が生じ始めることは確かな事実である．個々の構造物の現状がどのステージにあるのかを見極めていく必要がある．

　橋梁など構造物の性能は，経年により劣化することは確かである．橋梁の強度などのパフォーマンスの経年劣化を模式的に示すと図-12.2のようになる．設計における要求レベル（所要の性能）に対して，出来上がった構造物の性能は，通常ははるかに高いものとなっている．これは設計計算における安全側の仮定

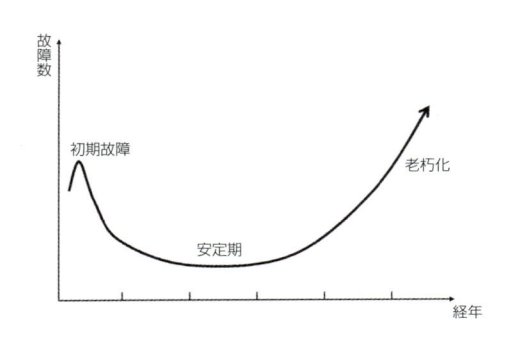

図-12.1　経年と故障の発生の関係を示すバスタブカーブ

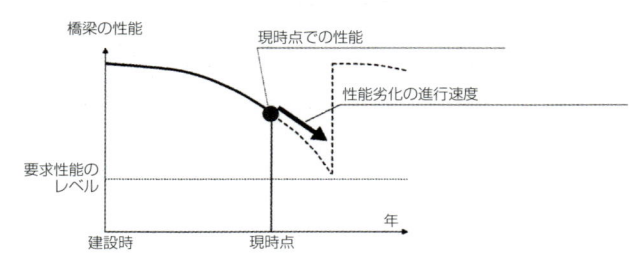

図-12.2　構造物の性能（パフォーマンス）の経年劣化

や材料強度の持つ安全側の余裕の結果である[1]．例えば，構造物は３次元的な広がりを持つが，それを梁といった１次元部材に置き換える，トラス構造の格点部や桁橋の主桁と横桁などはボルトや溶接で剛結されているが，設計では回転が自由なピン結合と考える，鋼桁橋のコンクリート床版と主桁は合成しないと仮定されることが多いが，実際は一体化しており，合成する，などである．

　しかし，その結果として構造物にもたらされる余裕度がどの程度であるかははっきりとはしておらず，また，施工の程度によっても差が生じる．したがって，建設時点での構造物のパフォーマンスのレベルは構造物ごとに異なると考えるべきであろう．

　供用を開始した後の性能の劣化のしかたは，その構造物のおかれている自然環境や，交通荷重などの使われ方によって変化する．**第9章**で述べた疲労損傷の原因からも理解できるであろう．補修あるいは補強の必要性およびその程度の判断は，構造物の性能と要求レベルとの関係および劣化の進行速度に基づいて実施されるものである．しかし，実際は現時点での構造物の真の性能，健全度，劣化度あるいは耐力（体力）を判断することは大変難しい．ましてやその経年変化を示す劣化曲線を描くことは極めて難しい．

　構造物の点検と診断は，人間ドックでの検査と診断にそっくりである．人間ドックでは，検査技師による標準的な検査の結果に基づいて，総合医が全体的な健康の状態を診断する．検査技師はどこにどのような障害が生じやすく，それがどのような兆候として出現するかについて十分な知識を有することが条件である．すなわち，検査技師の腕が悪い場合には，起きている障害を見つけることはできず，悲劇的な結末を迎えることになる．構造物においても同様である．

　また，人間ドックでの検査で疑問が出た場合には特別の検査が行われる．構造物についても，何らかの損傷の疑いが出た場合には特別の点検あるいは詳細な点検を行う必要がある．その場合には非破壊検査や応力測定などが適用される．構造物の成人病に対する精度の高い点検と診断技術の確立こそがまさに今求められている技術である．

　構造物の点検は今まででも行われてきた．ではなぜ今のように老朽化などといわれるような事態になったのかを考えなければならない．繰返しになるが，経年劣化を想定していなかった今までの点検の延長線上には，これからの点検と

診断は存在しないと考えるべきであろう.

　国土交通省は平成25年3月に道路法の一部を改正した. そこでは予防保全の観点も踏まえて道路の点検を行うべきことを明確化している. そこでは点検は5年間隔とし，原則近接目視によるとしている. また，そのための「道路橋定期点検要領」（平成26年6月）を公表している.

　すでに2年分の点検結果が公表されているが，構造物の健全度は，高速道路，国道，都道府県道，市町村道などの管理団体の間でかなり差がある. この差が本当に構造物の差なのか，あるいは点検技術者の技能によるのか，今後，検証していく必要がある.

12-2　点検における4W1H

　点検においてはwho what where when の4Wとhowの1Hが必須である.

　Who とは「誰が点検するのか」，すなわち点検技術者のことであり，どのような技量を有するのかが決め手になる.「道路橋定期点検要領」では必要な知識および技能を有する者がこれに当たるとされている.「知識および技能を有する者」をどのように定義し，確保するかが重要となる. 現時点ではわが国においてそれに対応する育成プログラムや技術認定の仕組みは存在せず，資格制度を含めて早急に対応すべき課題である.

　米国では，有資格者のみが点検を行うことができるとされている. 資格を取得するには約2週間の講習を受け，試験に合格する必要がある. しかも3年ごとの更新試験の受験が義務付けられている.

　わが国においては点検員の資格化はまだ制定されていない. 既存のコンクリート診断士や鋼構造診断士などの資格の活用を含めて，検討がされているとのことである. ただし，管理する側の技術者に向けての研修は始まっており，初級，中級，特別過程の3レベルを設けている. 初級は5日間，中級は10日間の研修を義務付けており，現場での実習が含まれている. 点検技術の習得には現場実習が必須である.

　中級の研修内容は米国の点検技術者受験の研修とほぼ同じである. 疲労などの3重大損傷の特殊な損傷の点検と診断を行う特別過程の研修は3年間のコー

スであり，毎年5日間の研修を受ける．疲労などの知識のない人間，見たことのない人間が点検を行ったときの結果は議論するまでもない．

Whatとは「どのような現象あるいは兆候を見つけるのか」である．点検の対象であり，Where「どの位置の」との組合わせで，点検要領，点検シートに反映させて落ち度なく点検が実施できるようにする必要がある．これを実現するには過去の損傷事例の集積とデータベース化などによる整理が有効である．国土交通省から平成26年6月に公表された「橋梁点検要領」には，点検に必要な基本的な情報が整理されている．

的確な点検を行ううえで点検作業の前に行うべき事前の打合わせ会議が重要である．このような会議は欧米ではtool box meetingと呼ばれるが，雰囲気が伝わってくる呼び方である．点検の成否はこのような打合わせにかかっているともいえる．

Whenは「いつ，どのようなタイミングで」であり，橋梁点検要領では「5年に一度の頻度で実施することを基本とする」とされている．定期点検の間隔は，米国などでは2年以内とされ，疲労など重大な損傷の兆候が出てくると，毎年点検とされている．

構造物や機器類の点検周期の決め方は，通常の点検で損傷が認められてからぜい性破壊の発生などのクリティカルな現象が生じるまでの期間の1/2とされることが多い．これは1度の見落としでもクリティカルなことにはならないことを想定している．交通状態などによっては5年の期間を1/2，1/3，1/4等に短縮することも考える必要がある．また，モニタリングなどにより，この期間での異常発生を事前に検知するようなことも考えられる．

Howは「どのように点検するか」であり，道路橋定期点検要領では「近接目視を基本とし，必要に応じて触診や打音などの非破壊検査等を併用して行う」としている．近接目視とは手が届く距離での目視検査であり，高度の技術を有する者による損傷の検知の精度は極めて高い．近接目視による様々な角度からの観察は，損傷の程度や種類の特定を可能とする．さらに，近接目視において，構造物の各部を手で触れることから得られる情報は極めて有用である．医療の世界での触診である．

これらの4W1Hに加えて，why「なぜ点検を行うか」も常に確認しておくべきであろう．経年劣化を確実に検出するにはどのような点検が必要かを確認

第12章 点検と診断の高度化

し，4W1Hを構築することである．

12-3　点検と診断はチーム作業

　橋梁の点検や診断は総合的な技術であり，1人の優れた技術者によるというよりも，様々な専門家による協働が求められる．橋梁の疲労亀裂を検査することを依頼すると，点検担当者はその部分を非破壊検査の業者に丸投げすることをしばしば見かける．しかし非破壊検査技術者は，例えば超音波探傷検査のプロではあるが，部材をどのような板組や継手ディテールで組み立てているのか，どこにどのような溶接欠陥が生じやすいか，さらには疲労亀裂がどの位置にどのような形で発生するかについては素人であることが多い．そのような知識や情報なしでは的確な非破壊検査は困難になる．

　例えば，疲労亀裂の方向を知らないと，超音波をどの方向から入射し，エコーをどのように受信するのかなどを決めることができない．簡単なようにみえる磁粉探傷試験でも，磁化する方向を間違えると亀裂を検出することができなくなる．どこをどのように見ればいいか分からない人間には疲労亀裂を見つけることはできない．

　「超音波探傷をしたけれども見つからなかった」は最も多い返事である．著者には「そこに見えているのに」である．第8章でふれた鋼製橋脚の隅角部の点検において，このことは顕著に現れた．板組（図-8.18）を知らずにやみくもに超音波を当ててみても無駄なことは，自明の理である．板組の検討は，どこをどのように点検するかを明らかにすることを目的として行われたものである．人間ドックで内臓の検査をした人ならすぐに理解できるであろう．検査技師はどこにどのような臓器があって，そこにどのような障害が出るかを知ったうえで超音波を当てているから異常を見つけることが可能となるのである．

　構造物の非破壊検査についても，医師に相当する橋梁技術者から非破壊検査技術者に対して，どこにどのような形状や大きさの欠陥が存在するのかを適切に指示することが必須である．疲労亀裂のような面状の欠陥に超音波を当てた場合，そこからのエコーは必ずしも超音波を発信した探触子の方向に戻らないことは，鏡での光の反射を考えれば当たり前のことである．ゆえに，疲労亀裂のような欠陥を検出するには，どの位置からどの方向に，どのような超音波を

入射し，欠陥からのエコーをどのように受信するかを判断したうえで検査を実施することが必須であり，はじめて意味のある非破壊検査になるのである．

　診断についても同様である．「疲労損傷である」と診断するには，亀裂の形状や寸法の情報に加えて，その原因である応力範囲と荷重との関係，荷重と変位の関係などを把握する必要がある．診断結果にはどのような補修や補強を行うべきかが含まれるが，原因の特定はその必須条件である．

　くどいようであるが，橋梁の点検と診断はチームプレーが必須である．設計，施工，メンテナンスの技術者の連携によってはじめて的確な診断が実現される．かかりつけの医者に「良い病院とは」と聞いたところ，診断にあたってきちんとしたカンファレンスをしているところ，との答えが返ってきた．内科，外科，麻酔科，薬剤師，看護師などが一堂に集まって患者に対する措置を決めていくのがカンファレンスとのことである．経年劣化した橋梁の点検と診断も同じであろう．

12-3-1　事例−1

　劣化の早期発見の重要性を示す事例を紹介しよう．既設の道路橋で最も危険といえるウェブガセットの取付け部の疲労損傷である．

　図-12.3の（a）はガセットプレートの取付けの溶接の止端に沿って発生した疲労亀裂である．この状態で亀裂の深さは1mm程度であり，バーグラインダで容易に削り取ることができる．もしも点検作業でこのような亀裂を見つけたならその際に削り取ってしまえばそれが完璧な対策となる．点検において疲労亀裂かどうかを確認するためにもこの程度の削りは，適切な方法だろう．十分なトレーニングを積んだ技術者に限定してではあるが，たとえば深さ1mmまでの削りを点検作業に含ませることは大変有効な方法である．

　図-12.3の（b）は全長が60mm程度まで進展しており，鋼材の破壊じん性値が低い場合にはぜい性破壊の危険性が出始めるレベルである．もちろん，亀裂はウェブを貫通している．このレベルが点検で発見すべきギリギリといえる．同図の（c）はその亀裂に対する対策であり，高力ボルトで両側から添接している．亀裂の先端にはストップホールがあけられており，そこには高力ボルトが締め付けられている．これにかかる費用は20〜30万円程度であろう．

　図-12.3の（d）はこの継手部の亀裂が原因でぜい性破壊した例である，も

（a）表面での亀裂長さ20mm，寿命の60%
　　グラインダで削ればOK，費用は0円

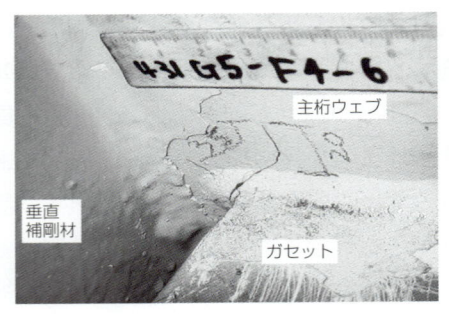

（b）表面で60mm程度の貫通亀裂，寿命の90%

（c）ボルト添接で補修，20〜30万円程度

（d）Game over　○○○億円

図-12.3　早期発見・早期対策が重要

ちろん通行止めが必要であり，取替えにかかる費用は数10億円，社会的損出を入れると100億円を超えるだろう．

12-3-2　事例−2

　不適切な点検と診断がいかに不経済な対策につながるかの例を示そう．**図-12.4**はある国道の鋼製橋脚であり，首都高速道路での損傷をきっかけに実施された点検により亀裂が発見された．この亀裂は溶接のルート部から発生した疲労亀裂と判断され，大規模な補修工事が発注されていた．足場が設置された段階で管理者側から著者らのチームへチェックが依頼された．点検に当たった業者の報告書の写真から，著者はこの亀裂は疲労亀裂ではないと予想していた．なぜならば，亀裂の位置と形態が疲労亀裂と異なるからである．

　果たして，溶接ルートから発生した疲労亀裂と判断されていた亀裂はバーグ

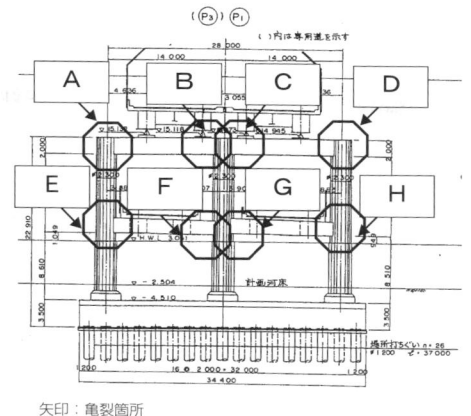

矢印：亀裂箇所

（a）橋脚の状況写真

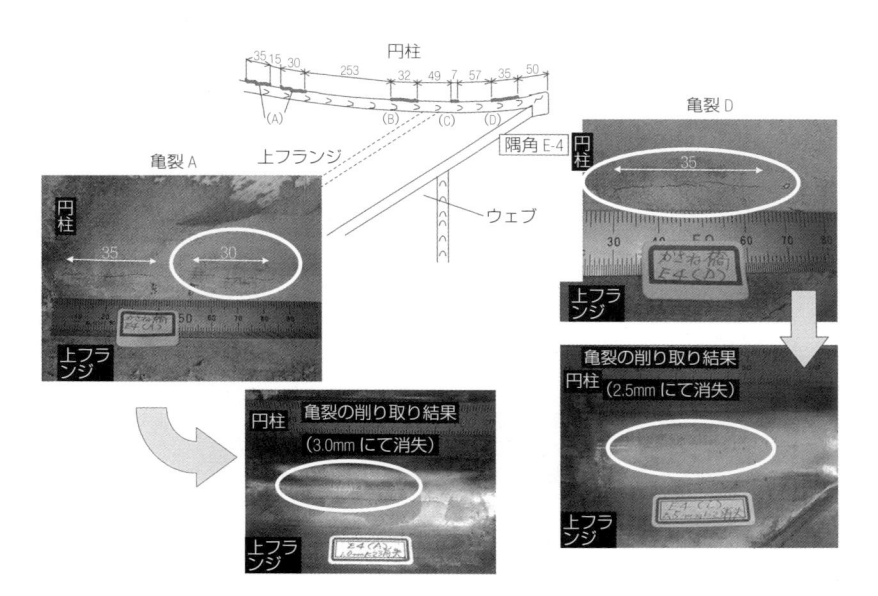

（b）亀裂の調査状況　隅角E-4

図-12.4　誤診断の例（国土交通省提供）

ラインダを用いて表面から2mm程度の深さまで切削したところ消え去ってしまった．この亀裂は製作時に発生した溶接部の熱影響部に発生する典型的な溶接割れであった．点検を担当した技術者は，このような溶接部に発生する割れに対する知識がなかったこと，それゆえ検査に自信がなかったことから，大掛かりに補強部材を取り付けるような補修対策を提案したのではないかと推察する．

　これらの点検，診断，補修・補強に対して，それに従事する技術者の技量を適切に評価することなしに発注されたのであろう．補修・補強工事を受注した側でもこの診断結果をうのみにするのではなく，専門的な知識のある人間に照査を依頼することぐらいは行ってほしかったと感じた．工事を受注した会社には十分な技術力があると思われるからである．

　著者らの点検後，すべての亀裂をバーグラインダで除去し，対策は終了した．この工事がその後どのように処理されたかは著者には知らされていないが，大きなお金が無駄にならなかったことは確かである．

　技術は知識の集積であり，技術によりドラスティック（徹底的）に経費を縮減できることに管理者は気づくべきである．メンテナンスについては特にそれが強く表れる．このような指摘をすると，「技術力の評価ができない」との返事が一般的である．業務の入札には総合評価の制度が取り入れられているが，技術力をどのように評価していくかが肝要であろう．技術力を発揮できる仕組み，発注体制を考える必要がある．特にメンテナンスについては，技術力の差が顕在化してくるのが10年あるいは20年先となるため，なおさらそのようなことを言いたくなる．

〔参 考 文 献〕
1）三木千壽，山田真幸，長江進，西浩嗣：既設非合成連続桁橋の活荷重応答の実態とその評価，土木学会論文集　No.647/I-51, pp. 281〜294（2000.4）
2）三木千壽：橋梁の疲労と破壊，朝倉書店（2011.9）

第13章

真の体力を知る新しい技術

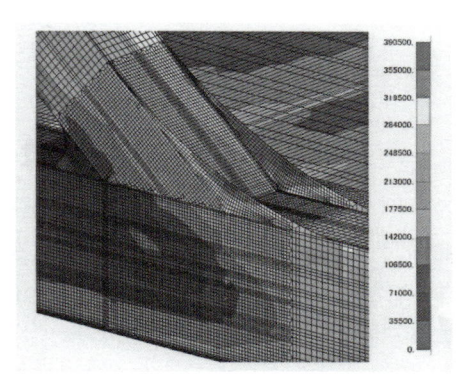

東京ゲートブリッジのトラス格点構造のディテールはFEMにより検討され，全溶接でコンパクトな格点が実現した．

13-1　構造解析：梁理論からFEMへ

13-2　点検における非破壊検査

13-3　ＳＩＰ

13-4　モニタリング

　前章の構造物のパフォーマンス曲線でも示したように，構造物の建設時点での性能は，通常，要求レベルよりははるかに高い．それは，設計での様々な仮定や，経年による性能の低下を見越しての措置ともいえる．しかし，実際の構造物がどの程度の体力（耐力）を有し，それが要求性能に対してどの程度の余裕を持つものかといった適切な維持管理を行ううえでの基本的な情報がはっきりしないのが現状といえる．すなわち，構造物の真の体力をどのように知るかが課題である．ここでは，そのための新しい技術を紹介する．

13-1　構造解析：梁理論からFEMへ

　すでに普通に使われている技術を適用することにより，維持管理のレベルは格段に向上する．その一例が，橋梁などの構造物の変位や応力を知るための構造解析である．橋の構造設計では，例えば高さと幅のある桁を1次元棒部材に置き替える，多くの接合部を単純支持と仮定する，などの仮定が置かれている．したがって，自動車荷重が載ったときの変位や応力などの挙動は，設計計算から求まるそれとは異なることが多い．

　道路橋示方書の設計活荷重がTL-20からB活荷重に移行した際に，既存の橋梁をどの程度補強する必要があるかを検討する目的で様々な検討が行われ，補強対策が実施された．設計活荷重が大きくなったことの橋の安全性への影響を設計と同じ方法で計算すれば，当然のことであるが非安全との答えが出る．設計で用いている解析から求まる応力や変位と，実際に生じる応力や変位との差が重要となる．

　そのようなことを確認する目的で，実際の高速道路の橋梁に60トン程度のトラックを4台載せ，どれくらいの応力とたわみが出るかを調べたことがある[1]（**図-13.1**）．もちろん事前に安全性について十分な検討を行っている．この60トントラック4台は，ほぼ現行の設計活荷重であるB活荷重に相当する．その結果が**図-13.2**であり，設計計算（図中のDesign）と実測（Test）との間には大きな差がある．ところが，有限要素法（FEM）と呼ばれるコンピュータベースの数値解析法を用いれば，実測の応力とたわみをほぼ予測することができている．

　この結果は，現在の橋梁設計で一般的に用いられている設計計算は，実際の挙動を50%程度の精度でしか予測していないことを示しており，このような

図-13.1 坂部高架橋載荷試験の様子

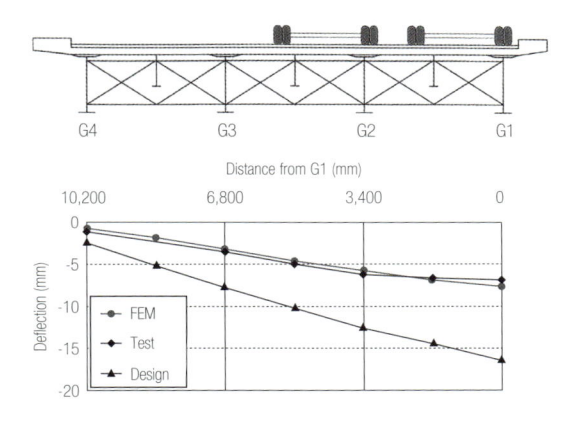

（a）たわみの断面方向の分布：設計計算およびFEM計算と実測値の比較

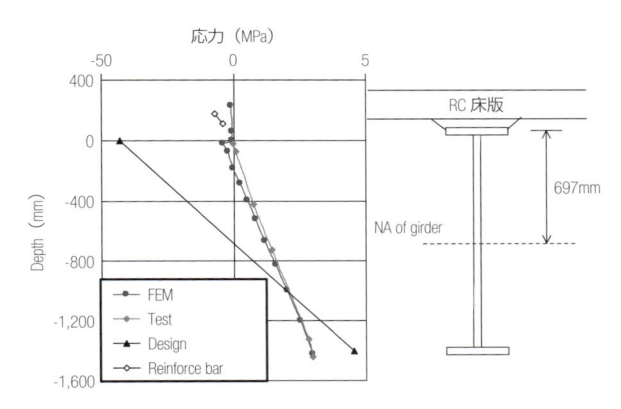

（b）桁内の応力分布：設計計算（Design），実測（Test）およびFEM解析の比較

図-13.2 設計計算による応力や変位は実際に生じる応力や変位と大きな差がある

第13章 真の体力を知る新しい技術

精度の解析結果に基づいて設計を行っていることは，恥ずべきことではある．しかし，これが法定重量の3倍を超えるようなトラックがどんどん通過しても，橋が崩壊しない理由の一つである．ただ疲労被害はどんどん蓄積されていっていることを忘れてはならない．既存不適格問題の解消は構造物の真の体力を知ることから始めなければならない．

　有限要素法はもはや大学の学部レベルで学ぶごく普通の解析手法である．また，現在ではパソコンで動くソフトウェアが安価で入手できる．しかし，そのような環境においても，どうして実際の挙動とは合わない，時代遅れともいえる梁理論に基づいた計算が設計に使い続けられてきたのであろうか．著者の推測するに，計算が簡単であることに加えて，「安全側だから良いではないか」と考えてのことではないだろうか．すなわち，安全率からみれば，あるレベルを超えていればOKとの判断である．しかし，疲労からみれば決して安全側ではないことは**第7章**で述べたとおりである．部材に想定した応力が生じていないことは，すなわち予期しない部位に予期しない応力が発生し，そのような予期しない応力に抵抗できるような構造ディテールになっていないと，疲労亀裂の発生につながる．さらに言えば，不経済な設計となる．

　このような議論をする際に頭に浮かぶのは，飛行機の安全に対するコンセプトである．例えばウェブサイトの「ボーイング777のウイングの終極荷重テスト（Wing Test）」でその概要を知ることができる．最終試験として機体1機の実物をジャッキにかけて壊すが，そのときの要求性能は，安全率は1.5から1.6と，上限も下限も決められている．記録映像では，主任技術者が1.5を超えたところで安堵の表情を浮かべ，1.55近辺でバンと主翼が折れた瞬間に喜びはじける姿を見ることができる．橋梁の世界においてもこれに近いことは実現可能であり，既存不適格問題解消の切り札にもなりえる．

13-2　点検における非破壊検査

　損傷の検知には非破壊検査が用いられるが，この分野も近年驚くほどの進歩をみせている．国土交通省の新道路技術会議では，道路政策の質の向上に資する技術研究開発を対象に，研究助成を行っている．そこに応募される研究の最近の傾向として非破壊検査に分類されるものが多い．

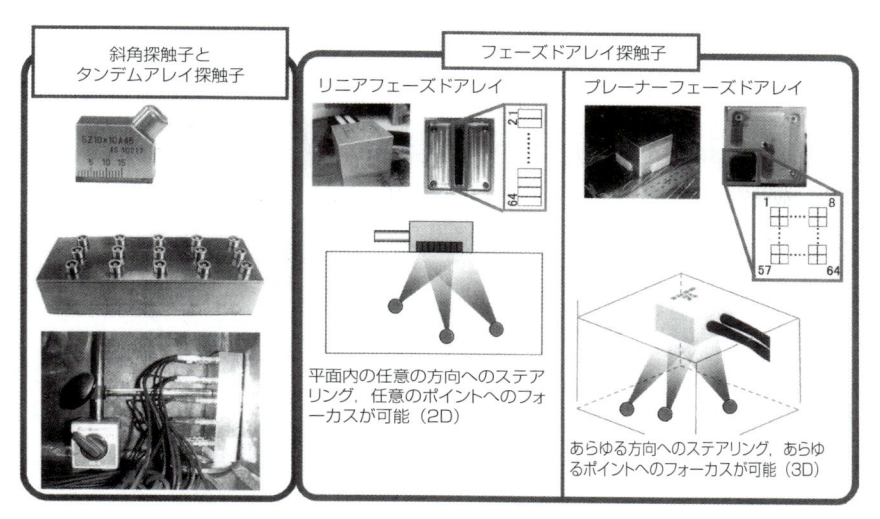

図-13.3 様々な超音波探触子

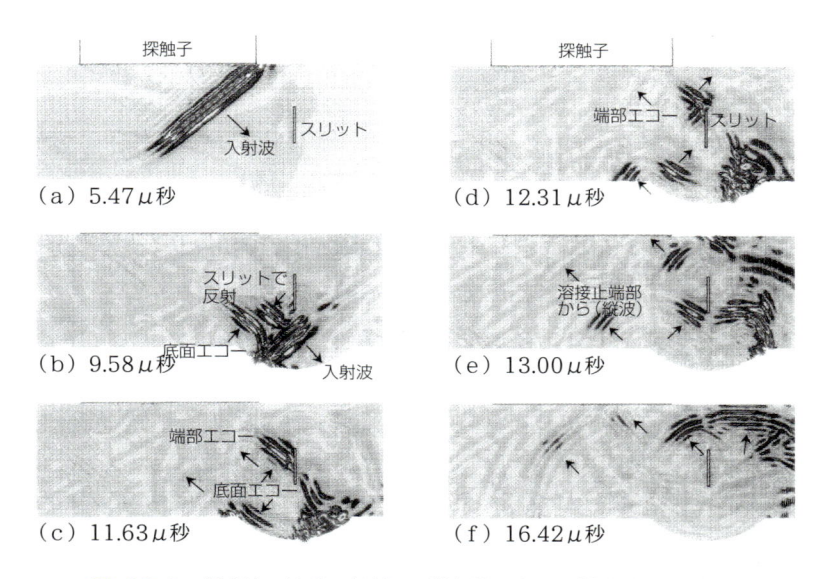

図-13.4 超音波，波動の伝播：面状欠陥からの反射波（エコー）は
探触子（レシーバー）には必ずしも返らない

　非破壊検査のうちの代表格である超音波探傷試験では，今までは垂直であ
るとか斜角の1探触子を超音波の発信とエコーの受信に使うシステムが中心で
あった．最近はフェーズドアレイと呼ばれる多数の探触子を電子的に制御して，

任意の角度の超音波を発信するステアリング機能や，任意の距離に超音波を集中させるフォーカシング機能を持つシステムが使われるようになっている（図-13.3）．

　超音波が物体中に入射され，それが欠陥に当たって反射する際に，必ずしも発信した超音波探触子の方向に戻るとは限らない[2]（図-13.4）．特に亀裂は平面的であり，鏡面反射をする可能性が高い．

　さらに，超音波探触子は指向性が強く，例えば斜角60度の探触子であれば，探触子に対して60度方向から戻ってくるエコーしか受信することができない．これは超音波探傷試験の本質的な問題である．この問題を解決するためには発信と受信とを異なる超音波探触子とする必要がある．この解決方法がタンデム探傷，あるいはピッチアンドキャッチ法などと呼ばれる．

　さらにはこのような超音波の発信とエコーの伝播は3次元的であることにも注意しなければならないが，そのようなことを考慮しての超音波探傷も最近の電子機器類や制御システムの進化とともに実現しつつある．

13-3　SIP

　2014年より政府の戦略的イノベーション創造プログラム（SIP）として，インフラ維持管理・更新・マネジメント技術が開始されている．そこでは世界最先端のICRT（Information and Communication Technology + Robot Technology）などを活用し，国内重要インフラの高い維持管理水準での維持，魅力ある継続的な維持管理市場の創造，海外展開の礎を築くことを目標としている．この目標達成のために，①点検・モニタリング・診断技術，②構造材料・劣化機構・補修補強技術，③情報・通信技術，④ロボット技術，⑤アセットマネージメント技術，を研究開発項目に挙げている．まさに社会インフラの維持管理が，わが国の重点施策になったということで，このSIPで維持管理技術のイノベーションが起きることを期待する．

　SIPでも様々な橋梁の点検や診断にかかわる技術の開発が行われている．公表資料から，橋梁の点検・診断に関係する内容をピックアップすると，次のとおりである．

・鋼橋の疲労や腐食を対象としてのレーザー超音波可視化探傷法を利用して，

非接触・非破壊の劣化診断技術を開発する.

・橋梁を対象として,マイクロ波を照査して観測対象のレーダー画像を取得するとともに,各部の微小振動を計測できる振動可視化レーダー技術を開発する.

・コンクリート内部を可視化するための後方散乱X線装置を開発する.

・先端生体磁気計測装置や先端金属資源電磁探査機器について非破壊検査装置への展開を行い,鋼材やケーブルの内部あるいは裏面までの腐食・亀裂を好感度に検出,評価する.

　いずれも今までインフラの点検や診断には提供されていなかった技術であり,それぞれが実現されたらインフラの点検と診断のイノベーションになる.

　SIPでは維持管理にロボット技術を適用することをテーマとしている.そこでは点検箇所にアクセスできるマルチコプタや,打音・目視点検機能を搭載したマルチコプタ,支承部や高橋脚などのアクセスが困難な場所の目視点検を代替できる機能を有するロボットなどが開発される.しかし,前章で述べたように,点検における4W1Hはロボットを使う場合も同様である.例えば,点検における「接近目視」とは,手が触れる距離で,なでるように目視点検することを想定しており,ロボットを適用した場合でも見落としや誤診断は許されるものではない.また,打音検査も単に音だけで判断しているのではなく,叩く方向や音質,それらの変化,さらにはハンマへの反動などを総合して異常を検知しているのであり,そのロボット化は容易ではない.

13-4　モニタリング

　再び構造物の経年劣化を示すパフォーマンス曲線 (劣化曲線) を考えたい.図12.2に示したような曲線を描くためには,同じレベルの,あるいは同じ要領による点検を複数回実施する必要がある.あるいは現時点の性能を知るとともに,劣化の速度 (劣化曲線の勾配) を推定できれば劣化曲線を求めることができる.劣化曲線を描くことが点検・診断の目標ともいえる.

　最初の疑問は,構造物の劣化はどのように進行し,それを点検によって知ることができるのかどうかである.東京都は同一の点検要領に基づいた構造物の点検を繰り返し実施しており,その結果からみると,経年とともに構造物の健

全度は徐々に低下している（**図-13.5**）[3]．

　このような状況をセンサーを用いて把握しようとするのが，いわゆる橋梁の健全度モニタリングである．橋梁のモニタリングについては様々な研究開発が進行中である．また，SIPでもテーマの一つとされている．モニタリングの目的は，次のような点にある．

- リアルタイムかつ継続的な橋の状況の把握
- 重大な損傷の早期発見と進行の予知
- 地震や台風のような異常時における橋の状況の瞬時判断

　著者らの研究について紹介したい．前述したWeigh in Motion（WIM）で橋上を通過する車両の形式と重量をリアルタイムで検出するシステムは，2000年から建設省との共同研究として東京国道工事事務所の3橋梁を舞台として始めたものである[4,5]．このシステムにより，トラックの過積載の実態や，本来は事前に申請しないと通過できないような特殊重量車両の走行実態が明らかになった．当初，橋の直近の交差点で「あなたの車両の重量は〇〇トン」との表示を出そうと考えた．もちろん技術的にはすでに可能であるが，実現していない．

　また，モニタリング対象の一つである荒川河口橋では温度による橋の変形も測定値から求められる[6]．橋は日照の影響で，**図-13.6**に示すように，晴れた

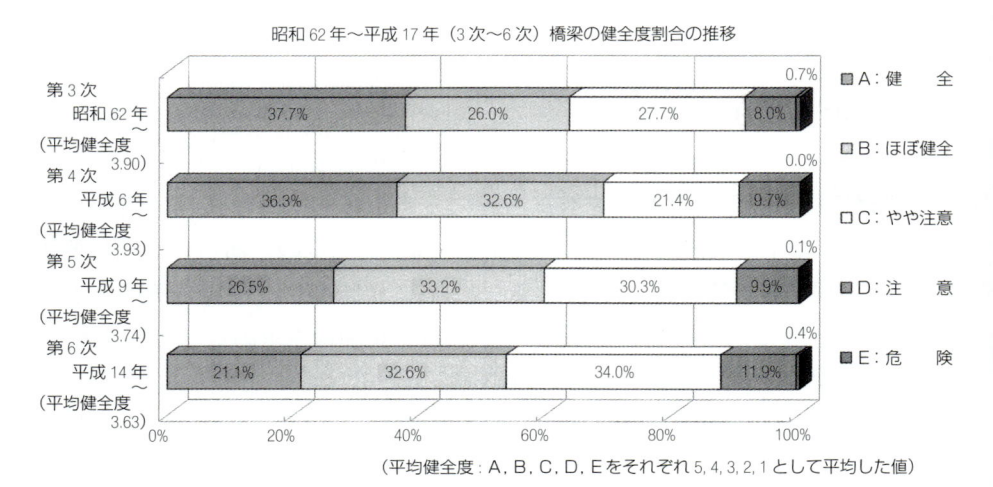

図-13.5　橋梁別定期健全度評価の推移（東京都の管理橋）

日は上にはね上がり，曇天の日は橋軸方向へ延びる挙動が画像として分かる．これを日照データなどと組み合わせて応用すれば，橋梁の健全性の評価につながる可能性がある．

　荒川河口橋でのモニタリング中に地震が発生し，地震に対する橋の応答も記録されている．地震は2005年7月23日16時35分に発生し，マグニチュード6.0，震源地は千葉県北西部であり，震源の深さは73kmとされている．この地震で首都高速道路は止まり，東京湾アクアラインの照明器具が落ちるなどの事故が起きている．荒川河口橋でも100galを超える加速度を記録した．**図-13.7**にモニタリング記録を示すが，橋も地震と一緒に動いており，支承部の変位も橋軸方向に10mmを超えている．桁の上下フランジのひずみの記録を見ると，面白いことに，最初は上下フランジが逆位相で動き，鉛直方向の振動が30秒以上継続している．地震後は，地震前と同じ挙動に戻り，橋の健全度には問題ないことが瞬時に判定された．

　これをさらに進化させたシステムを首都高速道路に設置している．ひずみデータを用いての通行車両の形式と重量を判定するとともに，それらを集計することから，路線ごとに長期的傾向を把握できる統計情報となる[7]．また，地震などの外乱を受けて過去の計測データに比べて異常な動きをした瞬間に，自

第13章　真の体力を知る新しい技術

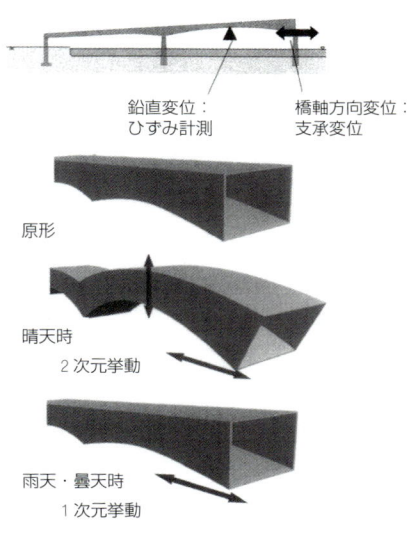

鉛直変位：
ひずみ計測

橋軸方向変位：
支承変位

原形

晴天時
　2次元挙動

雨天・曇天時
　1次元挙動

図-13.6　温度の変化による橋の動き

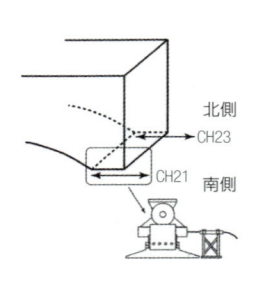

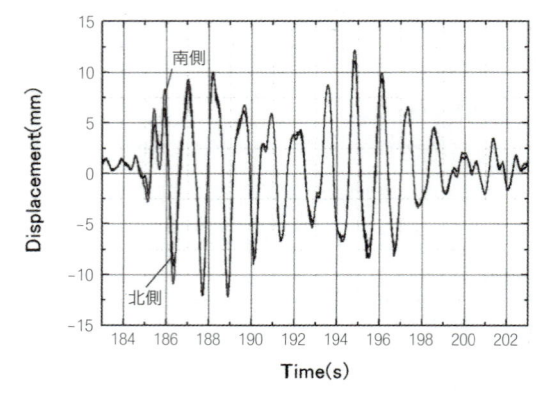

（a）±10mmを超える支承部の変位

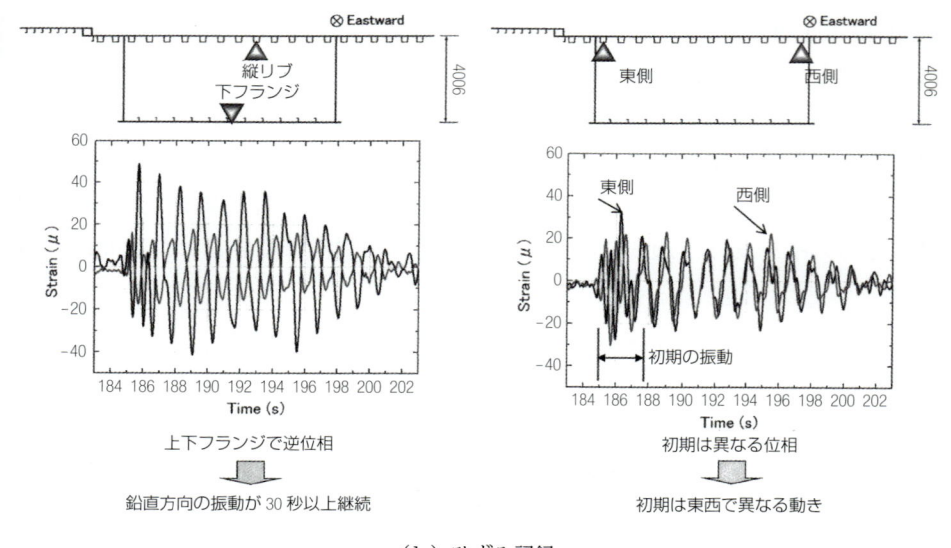

上下フランジで逆位相

↓

鉛直方向の振動が 30 秒以上継続

初期は異なる位相

↓

初期は東西で異なる動き

（b）ひずみ記録

図-13.7　地震時の橋の動きのモニタリング

動判定で警報を出すような仕組みになっている．橋梁のスマート化である（**図13.8**）．

　このような加速度，速度，変位などの物理量を測定するためのセンサー類も進化している．著者らのモニタリングには光ファイバーセンサーが全面的に使

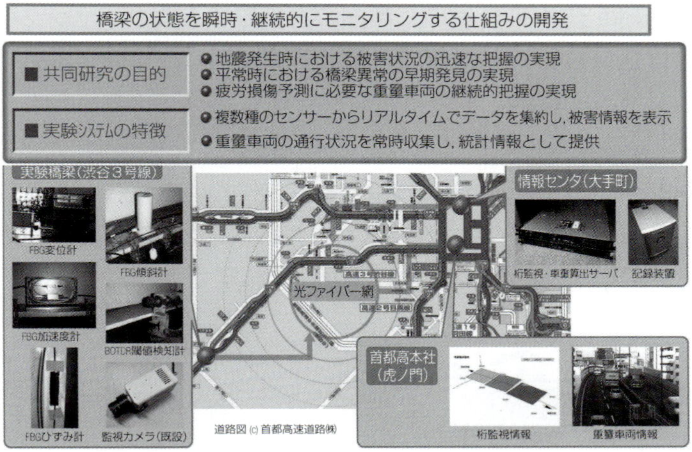

図-13.8 センサーおよび通信のすべてを光ファイバーで構成した
橋梁の状態モニタリングシステム（2006～2009年）

用されているが，従来からの電気的なセンサーに比べて，耐久性が高い，ノイズ信号を拾わない等の利点がある．

　加速度を測定するにはメムス（MEMS：Micro Electro Mechanical Systems）が有用である．メムスとは，機械要素部品，センサー，アクチュエータ，電子回路を1つのシリコン基板，ガラス基板，有機材料などの上に集積化したデバイスであり，従来からの加速度計に比べて多機能であり，しかも2桁程度安価である．Wiiなどのゲームのコントローラには多くのメムスが組み合わされている．その価格を考えればいかに安いかが想像できるであろう．

　メムスと無線通信装置を組み合わせたワイヤレスセンサーネットワーク（WSN）も構造物のモニタリングに応用しようとする研究が進んでいる．それらの一つの問題が電源であるが，圧電素子などと組み合わせることにより，自己電源化することも可能である．モニタリングデータを生のままに伝送するか，あるいはセンサーの近くに蓄積し，必要な時にそれを引き出すか，現地で処理して必要なデータを随時伝送するか，などの工夫もされている．

　橋梁などの構造物の健全度あるいは損傷の検知を目的としたモニタリングやセンサリングにおいては，どのような量を取り，それをどのように処理するかが重要である．また，橋梁の活荷重による変位応答は，比較的低周波の領域の現象であり，メムスによっては測定が難しいこともある[8]．

　図-**13.9**は支間30mの桁橋のたわみの実測値である．トラックの通過による変位応答は0.5Hzあたりになる．**図**-**13.10**は10種類のメムスセンサーについて，センサー自身のノイズ（自己ノイズ）と，橋梁で実測したたわみに対応する加速度とを周波数に対して示した結果である．もちろん，カタログではすべてのセンサーで，0.1Hzから計測可能とされている．しかし，ほとんどのセンサーで0.1Hzより遅い領域においては測定したい加速度よりも自己ノイズのレベルが高く，たわみに対応する加速度は測定できないことを示している．

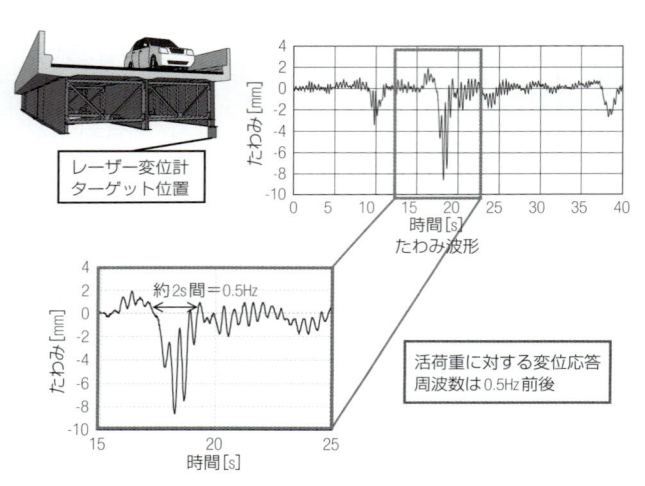

図-**13.9**　桁橋のトラック通過に伴う変位応答の実測

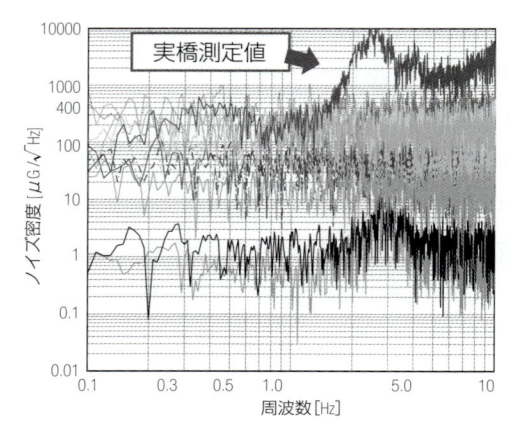

図-**13.10**　10種類のメムスセンサーの自己ノイズと橋梁実測値
　　　　　　に対応する加速度を周波数に対して示した結果

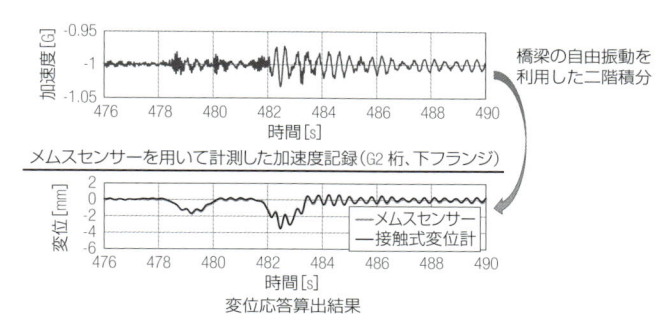

図-13.11 メムスセンサーを用いた変位応答算出結果

　図-13.11は，橋梁のたわみ振動の測定に適したメムスセンサーで測定した加速度を著者らが提案する方法で2回の数値積分を行って求めたたわみと，実測したたわみとを比較した結果である．両者良い一致を示している．当然であるが，**図-13.7**で自己ノイズレベルの高いメムスセンサーを用いた場合は，数値積分をしても変位を求めることはできない．

　ここでも4W1Hが重要となる．下手をすると，膨大なデータを取り，結局はやぶ医者のような的外れな誤診断をする可能性がある．しかし，センシングの後処理に使うコンピュータを含め，従来からは想像できないほど進化している技術を使わない手はないだろう．ますます，幅広い技術の統合化が決め手になるであろう．

〔参 考 文 献〕
1）三木千壽，山田真幸，長江進，西浩嗣：既設非合成連続桁橋の活荷重応答の実態とその評価，土木学会論文集，No.647/I-51, pp.281〜294（2000.4）
2）三木千壽：鋼橋梁部材溶接部への超音波探傷を対象としたFEMシミュレーション，非破壊検査，第47巻，第5号（1998）
3）東京都建設局：橋梁の管理に関する中長期計画－戦略的な予防保全型管理の実現に向けて－（2009.3）
4）三木千壽，水ノ上俊雄，小林裕介：光通信網を使用した鋼橋梁の健全度評価モニタリング，土木学会論文集，No.686, VI-52, pp.31〜40（2001.9）
5）小林裕介，三木千壽，田辺篤史：リアルタイム全自動処理Weigh-in-Motionによる長期交通荷重モニタリング，土木学会論文集，No.773, I-69, pp.99〜111（2004.10）
6）小林裕介，三木千壽，田辺篤史：鋼床版箱桁橋梁の温度変形挙動を利用した健全度評価モニタリング，土木学会論文集，No.62/4, pp.794〜807（2006.10）
7）三木千壽，古東佑介，佐々木栄一，齊藤一成，石川裕治：光ファイバセンサシステムを用いた都市高速道路橋の長期継続モニタリング，土木学会論文集A1（2015）
8）Hidehiko Sekiya, Kentaro Kimura, Chitoshi Miki: Technique for Determining Bridge Displacement Response using MEMS Accelerometers, Sensors, 2016,16,257
9）信濃毎日新聞1989年6月22日

第13章　真の体力を知る新しい技術

第14章

プラス100年プロジェクトの提案

Lehigh大学 John Fisher 教授と著者．Lehigh 大学 ATLSS にて．

14-1　なぜプラス100年か

14-2　研究と技術開発の必要性

14-3　人材育成は火急の課題

14-4　情報の集約とスマート化

14-5　現代文明の礎を壊さないために

14-1　なぜプラス100年か

　橋梁の維持管理に対するこれからの取組みについて「プラス100年プロジェクト」を提案したい．それには，構造物の寿命をどのように考えるかから始めなければならない．前に述べたように，財産管理上の寿命とされるのは50年程度であるが，この期間を過ぎたら取り替えるなどは考えられない．50年が寿命なら，名神高速道路も東名高速道路も首都高速道路も東海道新幹線も，もう取り替えなければならない．

　もしも寿命を欧米並みに100年としたら建設後50年の橋はまだまだ壮年期となる．だから，ここでの提案は，今ある橋を「プラス100年，健全に使えるようにしよう」なのである．劣化が進んでいると報告されている橋についても，多くの場合，劣化部分は局所的であり，大部分は健全である．劣化に対して的確に手を加えることにより，構造物は再生することができる．今の維持管理の原点となる寿命50年説から脱却しよう．そして今こそ，プラス100年として橋梁などのインフラの維持管理の考え方，体制を全面的に見直す時期ではないだろうか．

　第2章で述べたように，都市部では社会的損失について考慮する必要がある．取替えに伴う通行止めや迂回を費用換算すれば，その金額は建設費をはるかに上回ることもある．

　環境面の影響についても配慮する必要がある．建設に伴うCO_2の排出量は原単位として示されている．例えば，鋼1トンを製造するためにはCO_2は約1.5トン排出される．コンクリート1㎥当たり0.3トンのCO_2が排出される．このようにインフラ整備にかかわるCO_2の排出量は膨大である．また，廃材の処理においても，新たな環境問題を招くことは目に見えている．このような面からも現有のインフラに手を入れながらプラス100年の延命化をすることの意義がある．

　日本とアメリカでは，構造物の状況が異なる．「America in Ruins」のシナリオを日本が踏襲する必要はない．ただし，アメリカは「America in Ruins」の報告以来，インフラの荒廃を止めることと，より良いインフラを整備することに関しての関心は継続し，連邦政府道路局（FHWA）や州政府道路

図-14.1 米国ニュージャージー州Pulaski Skywayのリハビリテーション工事. ニューヨークとジャージーをつなぐ幹線道路であり, オーランドトンネルを経てニューヨークにつながる. 1932年に完成. 当時すべてが高架構造の道路で, super-highwayと呼ばれた. 30年前に, 鋼製の脚と桁を腐食対策としてコンクリートで巻き立てた. コンクリートが劣化したため, コンクリートを取り除き, 鋼構造物に戻す. 鋼床版に置き替える.

局 (DOT) は, そのための制度の改革や, 研究・技術開発への投資を実施し続けている. オバマ大統領も就任直後に6年間600億ドルの社会資本再建プランを打ち出している. そこでは既存インフラの補修補強と更新の組合わせで, 健全なインフラを取り戻すことを目指している (**図-14.1**). それでも**第6章**で示すように, 重大な事故の発生は止まらない. 劣化の程度がある閾値を超えると, 対策が追いつかなくなるのであろう.

日本においても, たまたま重大な事故が起きない, あるいはギリギリで防止しているのが現状であり, 危機は迫っている. 今まさにプラス100年プロジェクトを立ち上げて, 安全, 安心なインフラの整備に向けて資金も人材も重点的に配置することを提案する.

14-2 研究と技術開発の必要性

プラス100年プロジェクトを立ち上げる場合, 具体的に何をしなければならないだろうか. それは**第1章**で述べた「あり方委員会 (2003年)」と「有識者会議 (2008年)」からの2つの提言の実現であり, 2013年の道路法の改正と, それに伴う政令や通達で, その道筋は付けられたといえる.

有識者会議からの提言には技術開発の推進が挙げられている. これが最も困難と考えられる. この分野の技術の現状はハード面, ソフト面とも大変厳しい

状況にあり，また，その必要性に対する認識も低いからである．

　建設分野での研究開発投資は極めて低い．統計[1] によれば建設分野の研究開発投資は売上げの0.3%程度である．全産業分野で3%程度，全製造業では3.5%程度であることから，いかに建設分野での研究開発投資が低いかが理解できよう．しかもその投資は一部のいわゆるスーパーゼネコンに集中している．すなわち，建設分野は全く研究費を使わなくても成立する分野であることを示している（図-14.2）．

　建設投資の総額は1992年の84.0兆円をピークとして減少し，2010年度は41.1兆円，道路や橋が含まれる公共工事については1995年の26.4兆円をピークに2010年度は11.3兆円であり，この20年間，研究費対売上げ高比率は変わらないことから，その総額は減り続けている．建設産業において，いかに「研究や技術開発は必要なし」とされてきたか，あるいは軽視されてきたかであろう．

　製造業などの産業分野では研究や技術開発により，性能が向上し，価格も低くなる．乗用車や液晶テレビを考えれば理解できるであろう．国際的な競争環境下における産業の進化論である．研究や技術開発のモチベーションの原点ともいえる．

　土木分野，特に橋梁分野では，新しい技術を取り入れることに極めてコンサ

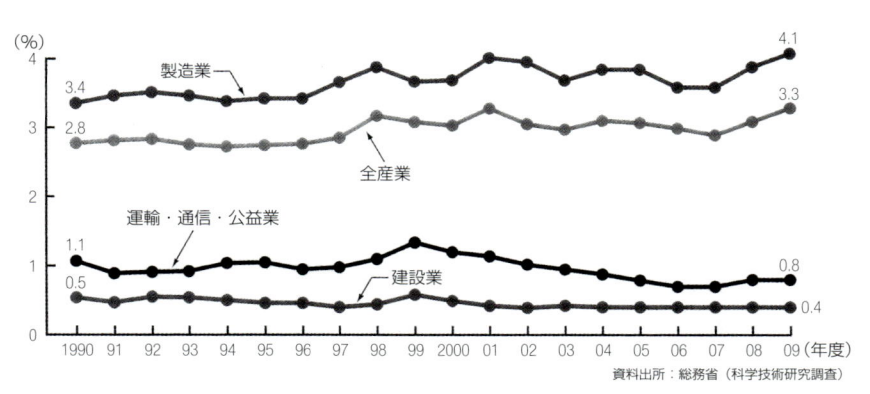

資料出所：総務省（科学技術研究調査）

建設業の研究費は他産業に比べ少ないが，大手企業の中には年間約100億円の研究費を投じる企業もある．また，大手企業の多くは独自に研究所を有している．欧米の建設業の場合は，研究開発は主に大学や公共機関が実施しており，企業レベルではほとんど行われていない．この点，国際的にみて日本の大手企業の研究開発意欲の高さは際立っており，このことがわが国の建設技術を世界のトップレベルに押し上げる大きな原動力となった．近年の大手企業の研究開発では，地震対策や環境関連のほか，高層ビルの解体技術，効率的な改修方法など維持更新関連等，新たなニーズへの対応が加速している．

図-14.2　研究費対売上げ高比率の推移（2011建設業ハンドブックより）

バティブである．せっかく新しい技術を開発しても，それを実務に適用するには様々なバリアがある．管理側，発注側から必ずといえるほど出てくる意見は，なぜそのような新しい技術を使う必要があるのか，実績はどうか，である．時には，自分たちが理解できないからダメと言っているのでは，と思うほどである．そこを突破するには，技術開発以上の努力が必要となる．

　確かに，「今の技術でどうにかできているのになぜ」となるのであろうが，このような環境が，研究や技術開発の意欲の喪失につながっている．研究や技術開発をやってもそれがビジネス，すなわち受注につながらないのであれば，民間に研究開発意欲がわかないのは当然である．国や自治体は国民に対して「より良質の社会資本をより安いコストで整備する」責務を負っていると考えれば，やり方が変わるはずである．

　メンテナンスの分野の状況はどうであろうか．土木学会の年次学術講演会での研究発表数の推移をみていると，維持管理に関係した研究は近年増加の一途である．しかし，そのほとんどは大学での研究であり，民間発の研究は極めて少ない．土木学会年次学術講演会の際に維持管理関係の研究者の懇親会が持たれているが，民間からの参加は少ない．その会の前身である破壊力学の研究会では本州四国連絡橋の疲労設計や製作管理に関係した研究が盛んであったこともあり，民間からの参加者であふれていた．すなわち，メンテナンス分野については民間でのビジネス面での関心は低く，結果として全くといってよいほどこの分野の研究や技術開発に投資されていないように感じる．多くの建設会社や橋梁会社において，維持管理は採算の取れないサービス部門として位置づけられてきたことが，この分野の実態を表している．

　研究と技術開発なしでは，プラス100年どころか，現在直面している維持管理上の問題に対する対症療法的な対応すら困難である．これこそ「アメリカに学べ」である．米国では公的機関による道路資産のメンテナンスに関連した研究や技術開発に大きな投資が行われている．1994年からは10年プロジェクトとしての総額200億ドルの「High Performance Construction Materials and Systems "CONMAT"」が実施された[2]．

　最近の米国のプロジェクトについてネットで検索したところ，国立標準技術研究所（NIST）による道路，橋などのインフラを対象としたイノベーション技術プログラムTIP（Technology Innovation Program）がヒットした．そのプログ

ラムでは構造物のモニタリング，非破壊検査などを中心に，2008，2009年で150億円の研究開発投資が行われている．そのほかにも，連邦政府道路局（FHWA）や州政府道路局（DOT）が主導する研究開発プロジェクトが進められている．実際の研究の実施は，大学と民間との連携が多く，公的な資金と同額の資金を民間が負担するカウンターバゼット形式が多い．民間が半分を負担することから，研究の内容について，より現実的になるのであろう．

　わが国のインフラのメンテナンス技術の閉塞状態を打ち破るには，研究や技術開発がビジネスにつながるような環境づくりが必須である．前章でふれたSIPでのインフラのメンテナンスに関するプログラムは，わが国で初めての研究開発プロジェクトである．研究計画書には，様々なメンテナンス上の課題が取り上げられており，成果が期待される．

14-3　人材育成は火急の課題

　橋梁の真の点検，評価のできる技術者の育成は火急の課題である．先に紹介した有識者会議の答申でも，提言2）の保全制度（技術基準，資格制度など）として，強調されている点である．

　現時点で，管理者やコンサルタント，橋梁会社に，疲労や破壊などの経年劣化現象を理解している技術者がどのくらいいるのか，これは難しい問題である．疲労についてはほとんど勉強されていないのが実態ではなかろうか．ある橋梁の健全度を議論した際，点検結果の中にどうみても疲労亀裂とは思えないのに疲労損傷と判定している事例を見付けたことがある．担当したコンサルタントの責任者に「あなたは疲労亀裂を見たことがあるか」と聞いたところ，「著者の教科書で見た」との返事であった．驚きである．が，それが現実の姿であろう．

　教科書で読んだことがあるのはましなほうであり，「知識や経験はない」のが大勢である．疲労亀裂を見たことのない人が疲労亀裂を点検し，補修補強対策をしている．まさに無認可医師に身を任せているようなものである．技術者の育成と技術力を保証する資格制度は必須である．

　前に述べた有識者会議の提言では，メンテナンスとしてのアクションを「点検，診断，措置」に区別している．これは，それぞれを担当する人が異なるこ

とを意識したことによる．医療での人間ドックとの対比を考えれば点検技術者は検査技師に当たり，診断にあたる人間（診断士）は医師に当たる．橋においても，点検する検査技師と診断をする医師との階層化が必要である．しかもそれにふさわしい教育とそれにより備わった能力の検定は欠かせない．

提言の中に措置という言葉が入っている理由は，補修，補強に加えて，放置できる，あるいは孔を開ければすむといった対応があるからである．また，同じような損傷であっても，その橋梁の使われ方，例えば交通量，迂回路の有無，将来計画，財政状況などによって補修や補強のやり方は異なってくる．これを判断するには損傷の原因を明らかにすることが必須である．さらにはコスト便益 (B/C) 評価も重要となる．まさにアセットマネージメント，ブリッジマネージメントの出番であろう．

このようなことになった原因として，管理する側にも実際に点検や診断を請け負う技術者にも，新しい技術，理解できないことに対する拒絶反応がある．それでも仕事になっている現状は見過ごせない問題といえる．当たり前のことであるが，自分が理解できないこと，分からないことに目をつぶる，耳をふさぐ，拒絶することはあってはならないことで，技術者倫理そのものである．

14-4　情報の集約とスマート化

インフラのメンテナンス，あるいはマネージメントの効率化，スマート化はこれからの課題である．すべての情報をデジタル化し，インターネットに相互接続して集約する．これにより点検や診断あるいはそれに対する措置の可視化と，セカンドオピニオンの導入は簡単に実現できる．さらには，集まったデータをプロの目で分析する．これが有識者会議による提言の技術拠点の整備と，データベースの構築と活用の意味するところと著者は理解している．

一つのシステムで点検，診断，措置を一括でき，それをそれぞれの管理者が的確にマネージできれば，アセットマネージメントを含んだブリッジマネージメントになっていくと考えられる．「データ分析」により膨大な量のデータの中から必要なデータが的確に引き出され，「意思決定」に利用される．そのためには，情報分野の最新技術を駆使することが求められる．橋梁の絶対数はそれほど多くないため，これらの実行はそんなに難しいことではないであろう．

車両情報や道路の状態など道路インフラにかかわるすべての情報をコンピュータ上で一元化する．さらにはそれをITSの情報や，温度，日照，降雨などの道路環境の情報と組み合わせる．メンテナンスの世界が変わるであろう．まさにスマートインフラの実現である．

14-5　現代文明の礎を壊さないために

第1章で引用した日経新聞の記事「高度成長期に集中的に整備した橋やダムなどの社会資本の多くが今後20年間のうちに建設から50年を経過し，それらが老朽化して維持管理・更新が大変になる．国土交通省の試算では，2060年までの50年間で更新費は190兆円に達し，このままいくと2037年度には新規事業の財源がゼロになる．そして戦略的な維持管理を進め，社会資本の寿命を延ばす必要がある」の「このままいくと」が重要である．この分野で研究を続けてきた著者にとっては，「このままいかすわけにはいかない」のである．

更新か修繕かの選択は重要である．どのような判断でレトロフィットを含む修繕でいくのか，あるいは取壊しと新設を意味する「更新」とするのかである．第13章で述べたように，構造物の健全度あるいは劣化度に加えて，その構造物の置かれている状況も重要なファクターとなる．ひどい損傷や劣化が生じていても，サービスの低下をミニマムにしながら補修や補強をするケースもある．直接工事費を比較するだけでは，リハビリテーションか，架け換えかの判断はできないし，するべきではない．

著者の経験から日本のほとんどの橋梁に対して，物理的な強度面からは「プラス100年」は可能と考えている．日本のすべての橋に最高レベルのメンテナンス技術を適用することができるようにする，そのための「橋の臨床成人病学」のスタートである．

〔参 考 文 献〕
1）2011建設業ハンドブック，社団法人日本建設業連合会
2）Richard A Belle: High Performance Construction Materials and Systems, Building an Infrastructure for the 21st Century, TB News, 179, July-August（1995）

第14章　プラス100年プロジェクトの提案

あとがき

　最近のインフラの老朽化とメンテナンスへの関心の高まりには驚きである．本文中にもふれたが，道路橋の疲労問題は，1990年にはすでに顕在化していた．しかし，2002年の道路橋示方書の改定では，疲労設計の導入は「時期尚早」とされ，見送られた．つい最近まで，構造物の経年劣化，老朽化はマイナーな問題とされ続けてきた．

　この本を書き始めたのは2012年である．それは，2012年の道路橋示方書の改定においても，設計供用期間の考えが取り入れられなかったことによる．「これほど橋が傷み始めているのに」との気持ちからである．目標供用期間の設定なしに，メンテナンス計画や，ライフサイクルコスト（LCC）や，アセットマネージメントなどありえない．

　2012年12月2日には笹子トンネルの痛ましい事故が起こり，その後，インフラの老朽化が大きな社会問題になった．そして道路法が改正され，点検が義務化された．政府の戦略的イノベーション創造プログラム（SIP）にも11課題の一つとして「インフラ維持管理・更新・マネジメント技術」が取り上げられた．数年先にはこの世界が変わるのではないかと期待している．

　メンテナンスのすべては現場から始まる．実際に起きている現象を，自分の目で見るところから始まる．疲労亀裂かどうかの判定には，いまだに迷う．亀裂の表面でのパターン，応力や変位の挙動，さらには交通状況や構造物の管理状況などを考え合わせて判断する．しかし，誤診もやる．ひょっとしてこのような複雑系の判断にはAIが有効ではと思い，勉強を始めているが，苦戦している．

　本書は，橋梁工学になじみのない方にもお読みいただけるように努力した．しかし，まだ専門用語がたくさん出てくる．でも，橋の抱えている課題，私が伝えたいメッセージを感じていただけたのではと思っている．

　最後に，私の雑な原稿を本にまで仕上げていただいた建設図書の森脇昌二様をはじめとする皆様に感謝いたします．

　2017年 夏

著　者

索　引

あ行

愛岐大橋　　165
I-35W　　80
アイバー　　86
アイバーチェーン　　76
亜鉛めっき　　27
明石海峡大橋　　47
アーク溶接鋼鉄道橋設計示方書　　109
AASHTO　　111
AASHO　　110
圧縮力　　61
America in Ruins　　22
あり方委員会　　4
アルカリ骨材反応　　4, 38, 50
アルカリシリカ反応　　50
RC 床版　　140
維持管理　　5
異種金属腐食　　65
板組　　100
板継ぎ溶接部　　124
Williamsburg 橋　　24, 27
Weigh in Motion (WIM)　　159
ウェブガセット取付け部　　131, 181
ウェブギャップ　　131
AISC　　111
AWS　　110
SIP　　190
S-N 線　　58
HSS:Hot Spot Stress　　116
NCHRP　　111
L 荷重　　155
塩害　　4, 38
大型疲労試験　　91, 112
大阪万博　　38
応力集中　　106
応力集中の緩和　　93
応力とひずみ　　52
応力範囲　　58
応力比　　58
応力腐食　　165
応力腐食割れ　　66
遅れ破壊　　38, 67, 165

か行

外力　　36

過積載　　37, 153
ガセット継手取付け部　　118
ガセット継手部　　91
活荷重　　153
貨幣評価原単位　　16
カルマン渦　　148
環境誘起破壊　　66
管状橋　　37
完全溶け込み溶接　　98
完全溶け込み溶接化　　118
機械切削　　94
木曽川大橋　　165
既存不適格　　40
既存不適格問題　　91, 188
共振現象　　89
強度設計　　36
供用期間　　15, 36
橋梁構造　　135
許容応力範囲　　107
許容欠陥寸法　　124
King's 橋　　74
近接目視　　179
グラウト　　50
経年による劣化　　40
経年劣化　　7, 176
経年劣化の認識　　4
ケーブル　　27
桁端の切欠き部　　136
ゲルバー形式　　78
減価償却　　38
減価償却資産　　38
研究開発投資　　201
工学的な判断　　37
工学的判断　　88
高強度鋼材　　112
鋼橋の疲労　　95
鋼材　　52
公称応力　　107
鋼床版　　143
更新　　5
剛性　　37
鋼製橋脚隅角部　　96, 122
構造解析　　186
構造解析係数　　120
構造物のパフォーマンス　　177
鋼道路橋の疲労設計指針　　95

降伏　　54
高力ボルト継手　　52
Golden Gate 橋　　144
国際溶接協会　　122
固定端　　134
固定端モーメント　　135
コネクションプレート　　142

さ行

座屈　　62
三軒茶屋　　16
残留応力　　58
仕上げ　　118
シース管　　50
資格制度　　178
支承　　136
実応力比　　91
自動車荷重　　153
社会的な損失　　16
シャルピー衝撃吸収エネルギー　　54
自由端　　134
首都高速道路　　16
床版　　9，135
照明柱　　150
消耗品　　9
上路アーチ橋　　142
上路トラス橋　　140
事例研究　　122
新菅橋　　170
診断　　10，181
振動疲労　　89，146
水素　　66
水素ぜい化　　66
水平補剛材　　119
ストップホール　　132
スパン　　154
寸法効果　　127
生起確率　　43
製作不良　　96
ぜい性破壊　　49，136
設計活荷重　　157
設計供用期間　　39
設計自動車荷重　　155
設計寿命　　39
設計寿命曲線　　39
瀬戸大橋　　47
遷移温度　　55
相対的な変位　　142
ソールプレート　　94

た行

大規模改修　　4
大規模改修計画　　94
大規模改築　　16
大規模更新　　5
耐候性鋼材　　168
耐震設計　　47
耐風設計　　45
耐用期間　　44
縦桁　　135
単純化　　134
単純支持　　134，135
弾性係数　　52
Chester 橋　　148
中性化　　4，38，50
超音波探傷試験　　189
継手形状　　106
継手等級分類　　107
T 荷重　　155
定期点検　　167
TIG Dressing　　146
抵抗　　36
ディテール　　106
データベース　　122
鉄　　52
鉄鉱石　　52
鉄道橋設計標準　　39，90
点検　　9
点検技術者　　178
点検周期　　179
点検担当者　　180
東海道新幹線　　4，14，15，88，146
等価荷重　　161
東京オリンピック　　38
凍結防止　　64
動的破壊じん性　　79
東名高速道路　　15
道路橋示方書　　39
道路橋定期点検要領　　11，178
塗装　　9，165
トラス橋　　85
トラス弦材角継手　　113

な行

2次応力に起因する疲労　　88
日本鋼構造協会　　116
熱影響部　　122

は行

破壊じん性 49
破壊じん性値 124
鋼 52
橋の寿命 38
バスタブカーブ 176
Hasselt 橋 72
パフォーマンス曲線（劣化曲線） 191
早川鉄橋 42
B 活荷重 186
東品川 RC 桟橋 16
引張試験 52
引張力 61
非破壊検査 188
非破壊検査技術者 180
評価 10
兵庫県南部地震 47
標識柱 150
飛来塩分 63
飛来塩分量 169
疲労 4, 38, 49, 57
疲労環境の評価 159
疲労強度改善対策 94
疲労限界 58
疲労試験 106
疲労寿命 58
疲労照査用の活荷重 88
疲労設計 15, 39, 88, 127
疲労設計指針 119
ピン結合のトラス鉄道橋 85
ピン支持 135
品質管理 116, 122
ピン継手 52
Fitness for purpose design：合目的設計 116
フェーズドアレイ 189
Verrazano Narrows 橋 144
富士川橋梁 85
腐食 4, 28, 38, 50, 62, 165
腐食電流量 169
部分溶け込み溶接 96
プラス 100 年 199
Brooklyn 橋 15, 22, 24, 27
プレートガーダー橋 136, 138
プレキャストセグメント方式 170
プレストレストコンクリート橋 50
平均再現期間 44
辺野喜橋 168
変位誘起型の疲労 88

Point Pleasant 橋 20, 75
Hoan 橋 78, 131
ポストテンション式 PC 単純箱桁橋 170
舗装 9
本州四国連絡橋 39, 45
本州四国連絡橋公団 112

ま行

マルティサイテッドクラック 60
Mianus 橋 78
Manhattan 橋 24
未溶着部 124
メムス（MEMS） 195
メンテナンス元年 10
メンテナンスサイクル 11
最上川橋梁 86

や行

山添橋 131
ヤング率 52
有限要素法 186
有識者会議 5
床組部材 140
溶接金属部 122
溶接欠陥 106, 122
溶接構造 15
溶接鋼鉄道橋設計示方書 109
溶接残留力 106
溶接継手 52
横桁 135
横桁と縦桁の連結部 94
余裕度 177
4W1H 178

ら行

リベット構造 59
リベット継手 52
列車荷重 153
老朽化 40

著者略歴

東京都市大学学長（2014年より）
1972年東京工業大学大学院博士課程土木工学専攻退学
東工大助手，東大助教授，東工大助教授，教授，工学部長，副学長
2012年定年退職，名誉教授，東京都市大学教授，副学長

受賞　土木学会論文賞，土木学会田中賞，土木学会出版文化賞，
溶接学会業績賞，日本鋼構造協会協会賞，
ドイツ Ernst Gaßner Award，国際溶接協会（IIW）フェロー，
国際協力機構（JICA）理事長表彰，
タイ国，タマサート大学名誉博士
など

委員会など　現在，国土交通省社会資本整備審議会道路分科会技
術　小委員会委員長，
国土交通省　新道路技術会議委員長，東京都橋梁長寿命化検討
委員会委員長，道路橋の予防保全に向けた有識者会議委員，国
土交通省東京港海大橋技術検討委員会委員長，など歴任

著書　鋼橋の疲労と破壊：建設図書1987年（監訳）
土木材料：オーム社1990年（共著）
鋼構造：共立出版2000年
現代の橋梁工学―塗装しない鋼と橋の技術最前線：数理工学社
2004年（共著）
都市構造物の損害低減技術（共著）　朝倉書店　2011年
都市構造物の耐震性（共著）　朝倉書店　2012年
鋼橋の疲労と破壊の制御：朝倉書店　2011年
Bridge Engineering Handbook, second edition, Chapter
17, Orthotropic Bridge Deck, CRC Press, 2014
など

論文
土木学会論文集など400編

橋の臨床成人病学入門

2017年9月1日　初版第1刷発行

著　者　　三木千壽
発行者　　高橋 功
発行所　　株式会社 建設図書
　　　　　〒101-0021
　　　　　東京都千代田区外神田2-2-17　共同ビル6階
　　　　　電話 03-3255-6684
　　　　　http://www.kensetutosho.com

製　作　　株式会社 キャスティング・エー

カバー写真提供：国土交通省東京港湾事務所

ISBN978-4-87459-220-5　　　　21792000　　　Printed in Japan